333造型法

單挑貴婦百貨

藝人造型師、企業講師

小荳 著

〈專文推薦〉

懶人個性與專業形象，兩者我都要

亞洲手創展（POPUPASIA）製作人　陳小麥

首先，恭喜小荳出新書了。

我們常戲稱我們是一年一見的牛郎織女見面，為什麼這麼說呢？因為每年的亞洲手創展開幕日，就是我們的見面日。小荳總會早起為我化妝準備每年重要的開幕日活動，而我人生大事的妝髮也是由她一手包辦。

說起我們的相識，正是二〇〇〇年初創意市集熱潮正興起，她是來參加的創作者，我則是舉辦市集的主辦方，就這樣，牽起我們的緣分。

我個人可以說是一位懶人女性，每日忙於工作，實在不太在意所謂的妝髮，但小荳總是可以在快速的時間內為我找出適合的造型，讓我兼顧專業形象與保有個性。

誰說懶人個性不能與專業裝扮畫上等號。

小荳就做到了！

甚至在她每次的裝扮上，又再更理解了自己一次。

為什麼會喜歡這樣畫眉毛？底妝該如何遮瑕？不喜歡上口紅。

這些從內心發現的喜歡與不喜歡，都在反應自我認同的價值，小荳總是會從這些聊天中逐步帶出對於自己的理解，很有意思。

看她一路走來，逐步打造人生的專業，現在更願意分享這些專業的眉角，讓這些不專業的我們也能輕鬆保有自我，並完成專業形象，實在是讀者一大福音！

謝謝小荳，能讓我兼顧懶人個性與專業形象，兩者我都要！

〈專文推薦〉

整合內外、形象合一：從形象到自在的旅程

簡報與教學教練、《上台的技術》《教學的技術》等書作者　王永福

談到「形象」，也許你會覺得「我又不是名人或明星，這應該跟我沒關係？」「形象是什麼？可以吃嗎？」，如果這也是你心中有的問題，那這本書真的就太適合你了！因為，前面那兩個問題，也是我一開始心裡面想的！我從對「自在形象」毫無概念，到最後委請小荳老師擔任形象總監，這真是一段很神奇的過程！

先說結果，很多人看到這次我在「簡報的技術」線上課程影片後，覺得我「變得比較親切、更溫暖了……」。能夠呈現專業卻沒有距離，展現能力卻又感覺親切，小荳老師為我打理的「自在形象」，確實達成了我們的期望，也用她的專業為我們線上課程增添了更多的精彩。但是，這樣的轉變卻不是突然

的，而是一段歷經了好幾年的旅程。

最早期我在擔任企業講師時，習慣的衣著就是西裝領帶，這樣的服裝如同盔甲一般，透過衣著讓自己展現自信。雖然正式，但也跟學員保持一些距離。這對初入企業訓練戰場的我，距離與保護是重要的，這是我一開始當顧問與講師的樣子。

隨著時間經過，慢慢累積了更多的經驗，對自己的信心似乎也不用再透過衣著保護，於是我開始漸漸脫掉西裝、卸下領帶，更自在的穿著 Polo 衫站上企業的講台。之後又過了幾年，我有了自己的著作，並開創出自己的品牌課程，如《專業簡報力》或《教學的技術》，也有屬於自己品牌 Logo 的黑色圓領T恤，這時我雖然只是圓領T恤加牛仔褲就上台了，但從學員們的反應，我知道這樣的穿著專業形象未減，卻更自在，更有了個人風格了。

而這些變化，都讓小荳看在眼裡，也記在心裡！原來她已經是我的讀者，也是課程的粉絲。這幾年她清楚的看到我在穿著上的變化，也注意到我心境的改變。之後在專業簡報力的課程演練簡報，她用我的改變為例，跟大家分享什麼是「自在形象」！原來真正好的形象，不是「看起來不像自己」的刻意，而是透過形象打理，讓自己「看起來更像自己」的自在。這是可以衣著與造型，讓自己的內心與外在，更能達到一致。這樣不僅自信不減，也讓自己卻更自在了！

當我在二〇二三年底，開拍籌劃多年的的經典課程「簡報的技術」時，第一時間我就邀請了小荳老師，擔任課程的形象總監。在開拍前，看著她仔仔細細地為每一個參與的簡報專家梳化、打點我們的形象。我真的感受到小荳對於「形象」這件事情的專業與重視，並且很放心與信任的，交由她打理我們的形象。最終從拍攝成果，也看到她的努力有好的成果。形象，真是一門專業！這一點從跟小荳的合作中，已經無庸置疑。

我們是幸運的，因為有小荳老師打理我們的形象。同樣的你也是，因為透過本書，你也可以了解如何透過小荳的文字與圖片，找出讓自己更「自在」的「形象」，讓我們的外在，呈現出我們更好的內在；同時也讓我們的內在，豐富我們的外在。強烈推薦大家，閱讀小荳的好書。

〈專文推薦〉

333造型法，不同場合穿搭輕鬆上手

教育出版公司編輯　江璧瑜

當年紀從二字頭到三字頭，智慧是否增長無從得知，倒是體重直線上升，尺碼從S一路到2XL。衣服已被迫汰舊換新好幾回，原本習慣買衣服的街邊小店，現在環顧一圈卻沒有自己可穿的衣服。看著專家對棉花糖女孩的建議，要穿著「略寬卻又不能太過寬鬆」，卻始終找不到屬於自己的「合身度」，不是上衣的下襬多了幾道紋路，就是被朋友開玩笑說，這也太像睡衣了吧。漸漸地，自己不自覺會主動幫朋友拍照，就可以減少自己被拱拍照的機會。

在Facebook、Instagram追蹤著多位棉花糖女孩的穿搭網紅，有些總是以深V領口凸顯傲人胸圍，有些則是習慣穿著俏麗短裙踩著高跟鞋。這些穿搭的確亮眼，但跟自己的生活型態卻覺得很遙遠。身為公車通勤族，連平底鞋都難以應付緊急煞車；總習慣下班後直接去球場打球，淑女風格的短裙很難跟球拍包搭配；疑惑著大尺碼女孩的穿搭亮點僅能露出事業線嗎？

曾經興沖沖地買了造型書籍，卻在第一單元的臉型介紹就卡關，無法分辨自己究竟是長型臉還是菱形臉；換個方向研究彩妝，還沒看到粉底前，光是飾底乳，究竟要選校正蠟黃的紫色，還是戀愛好氣色的粉紅色，就讓人一頭霧水。於是，認定自己資質不夠，直接放棄躺平……

當初觀望小荳老師粉絲專頁許久，總想著等減重成功就要報名上課。有一天，突然想到明明自己就是對於現在體態有穿搭困擾，那不是應該就要趁這個時候報名學習。果然，這些困惑和挫折在上完課程後都迎刃而解。當然不可能因為幾堂課程，自己瞬間就「改頭換面」，變成豔冠群芳的「美女」，而是找到屬於自己的形象。這很奇妙，只要你穿搭過屬於自己的形象後，即便可能無法完整用公式分析，但你就不會忘記那樣的感覺。有點類似你喝到那碗臺南最好喝的牛肉湯之後，其他名店都不屑一顧。

對我來說，一直無法忘記的搭配就是綠色襯衫與黑色垂墜感長裙，這兩件都是我自己手頭的衣服，卻從來沒有想過搭在一起。當小荳老師上課建議可以這樣搭配，當我一穿出來，看著鏡子竟然愣了幾秒，似乎有一瞬間不認識這樣的自己，彷彿原本隱藏許久的一個自我，被別人讀懂了。在經歷過這樣的魔幻時刻以後，曾經穿起以前覺得好看的搭配——白色蕾絲上衣配粉紅蓬裙，有點公主感的裝扮，卻覺得不太對勁。之後將這兩項單品拆開，分別搭配牛仔褲、白T跟小白鞋，才覺得是適合自己的三分甜度。

現在即便體重沒有減輕，但透過「333造型法」，在不同場合的穿搭都覺得可以上手。對我來說，自在形象不是與其他人比較，而是單純依據自己的狀態，呈現獨特的美好。希望您也能透過本書的內容，找到個人的自在形象，散發美好光芒。

〈專文推薦〉

找到專屬你獨特的自信美

富邦產險資深副理　汪方巧

你知道嗎？「第一印象的建立，在於初次見面的七秒鐘。」這是英國臨床心理學家琳達．布萊爾（Linda Blair）提出的「七秒理論」。也許有人會質疑，短短的七秒內，單純用外觀來評斷一個人，是否太過於膚淺？雖然我非常認同與人交往的過程中，內在涵養遠比外貌來得更重要，但應用人際關係心理學的「初始效應」（Primacy Effect），第一印象是最容易被他人記住且影響深遠的。

這是由於大腦學習一連串有序列關係的項目時，排列在一開始的信息最能引人注目、且容易被記住，造成這樣的認知偏差是大腦的短期記憶一開始因為很悠閒而表現得最好，有充足時間處理接收到的信息，進而轉換成儲存在腦內的長期記憶。從接收到初見面的七秒印象，再根據每個人自身過往的經驗記憶，被大腦解讀成第一印象。不爭的事實是，一旦讓留下不好的第一印象，後續得以更多心力與互動，才能翻轉覆蓋原先的記憶。以貌取人，正是初始效應發生在第一印象上的展現。

看到這裡，有的人心中可能已經產生疑問，難道我媽生我不夠帥、不夠美，就沒人要理我或跟我當朋友了嗎？正好相反，所謂的外觀條件，指的並非只是單純的天生長相，而是一個人的儀表與其身上散發出來的氣質，以及與他人之間互動的應對談吐。小荳老師做的就是，協助學員們找到自我，透過發掘自身特質，找到適合個人風格的裝扮；並且讓你出席不同場合時，選擇適合你的服飾與妝容，展現出最合適的樣貌。

與小荳老師的緣分，始於一篇社群軟體的貼文。依稀記得那是個平凡無奇的夜晚，一如既往的結束忙碌工作回到家，做完家事並哄孩子們入睡後，賴在沙發上享受媽媽僅有的自由時光，那篇貼文是我很敬佩的講師——謝文憲（憲哥）與學生的合照，相片背景是二零二三年的廣播金鐘獎頒獎典禮，憲哥的裝扮看上去比平常上課時更斯文帥氣。而貼文主人更是自豪地述說著能幫恩師改變造型的得意。當下我心裡所想的是，怎麼有個這麼直率可愛的人，好奇心驅使我點入小荳老師的社群網頁，滑了幾篇她過往分享的貼文便興奮不已，這不就是我一直想要尋找的全方位專業個人形象造型師？

改變往往發生在你願意開始接受改變時。因為想讓自己變得更好，鼓起勇氣私訊諮詢上課資訊，收到老師的回覆後，確認上課內容就是我需要的，於是很快做了決定。第一次見面時，小荳老師很有耐性地傾聽我的需求與困擾，回應了專業且貼心的建議。在老師的協助下，我改變了萬年不變的長直髮，換成浪漫且具有女人味的捲髮，學會畫最適合我的妝容，也會挑選合適的穿著。成果不但獲得家人與朋友們的好評，也讓我變得更喜歡鏡子裏的自己，學會欣賞自己的自信美。

每個人天生的氣質及成長環境背景各有不同，所造就出來的個人特色也不盡相同，無論是身形上的高矮胖瘦，亦或是長相甜美、冷豔、或優雅，沒有一種裝扮是適合所有人的，如果你也跟我一樣，勇於追求屬於自己的美好，這本書所呈現的內容，恰巧補足了這份需要，透過這本書，幫助你找到最適合你的裝扮，加倍放大你的優勢，找到專屬你獨特的自信美。

〈專文推薦〉

穿搭不只是一種行為，更是建立你形象辨識度的第一步

作家　凱莉哥

幾年前小荳第一次發訊息給我是為了公益活動，當時我佩服一位彩妝師可以這麼熱心發起公益，這幾年他也一直都在這條公益道路上，終於他發表了新書，我相信一定有很多人可以受益！

「難道要買很多衣服，才能搭配出不同風格穿搭嗎？」

每天都在為穿搭煩惱的你，我完全理解，因為我也在這條路上，每天早上掙扎。

你是不是也常常打開衣櫥，總覺得少了一件衣服？或者平常看起來邋遢不堪，但特殊場合又急忙採買服裝？又或是看著網拍上的超美穿搭，卻發現自己

穿起來卻是另一回事。這些煩惱，讓穿搭成為我們日常生活中一個頭疼的問題，甚至每天出門都要花二十分鐘以上搭配。

小荳的這本《333造型法 單挑貴婦百貨》，將會是你的救星！這本書教你用有限的服裝，打造出無限可能的時尚風格。

這不僅是一本讓你一生受用的穿搭工具書，更是職場新鮮人、公司主管、職業婦女，以及想學妝髮穿搭入門的新手們唯一必備的指南。只要掌握這本書中的「333造型法」，你就能輕鬆打造出理想個人形象！

小荳歸納出快速出門的核心「333造型法」，分別有三種角色、三點妝髮服和三種配對加分法。無論是在休閒、職場，還是特殊場合，你都能找到適合的穿搭風格！再來，這本書教你如何用化妝、髮型和服裝穿搭來打造完美形象。最後，透過配色、配件、配角，讓你在搭配服裝時更有條理，更有品味！

裡面還有素人模特親身示範教學，讓你一目了然。這本書的觀念好懂、好學、好用，「333造型法」在手，無限變化的穿搭造型就在這些變化中，每天省下不少搭配時間，讓出門可以更加從容不迫。

所以，不必再買很多衣服塞爆衣櫥，也能輕鬆打造出不同風格的穿搭！如果你每天都為穿搭而煩惱，那麼這本《333造型法 單挑貴婦百貨》絕對是你的必備指南！不僅收錄穿搭術精華，還有小荳二十年經驗的實戰經驗分享。無論你是職場新鮮人還是想要提升自己形象的人，這本書都將成為你的得力助手！

〈專文推薦〉

打扮是為了找到更自在的自己

多語教學專家、補教事業顧問　游皓雲

二十到四十歲的我，一直以來身形偏胖，個性又陽剛，在群體中永遠會被異性跳過，因此對打扮是有點不屑的。

「透過外表來吸引關注，根本膚淺！」是我自我安慰的說詞。自以為堅持樸素反而能靠內在取勝，其實是不願承認「就算認真打扮也拚不過那些外型出眾朋友」的自卑。

就很像我教的學生，總以為只要先丟出一句「哎呀，老師我沒有語言天分啦！」就能合理化自己一輩子掌握不了外語的事實，他們只是想藉此逃避努力嘗試的責任而已。

要是早二十年認識小荳老師，知道認真打扮並不是漂亮女孩的專屬權利，我就不會鴕鳥心態地迷失這麼久，早早了解打扮的最終目的是「自在形象」，搞不好友情、愛情、事業都能順利好幾倍。

從事教學二十年了，一直以來我對自己的教學能力還算頗有自信，課程邀約從來沒少過，演講場子也越接越多，學員給的評價我都很滿意，唯獨常常不滿意的是主辦單位提供的側拍照片，要穿搭沒穿搭，要妝容沒妝容，照片根本看不出來我是個很會教的老師。

後來自己經營語言教室，開始以老闆的角色面試新員工了，我不知不覺發現面試者給我的外在第一印象，的確會是我決定是否讓他進入第二階段面試的因素之一，反過頭來看看自己去外面演講的照片，心想「搞不好我從未用心過的外在打理，也會是我那些提案未成功的因素之一？」

幸運從公開演講訓練的進修課程認識小荳老師後，我便毫不猶豫地報名了她的彩妝課。

不同於我之前參加過的彩妝課，邊上課邊要我們添購產品，小荳老師完全以學生現有產品和個人特質出發，如同書中所寫「三個生活角色」的設定，引導我畫出一個適合一般課程教學、線上課程教學、以及一個適合大型演講或發表會的妝容。

化妝的每一個步驟，其實都是習慣的累積，上課練習的化妝方法，大多與原有習慣不同，我很喜歡小荳老師在課程尾聲人性化的提醒：接下來至少先改變「一個步驟」，例如先調整畫眼線的方向就好，練熟了，再慢慢擴展。

跟我訓練新手老師教學流程的方法如出一轍，真是深得我心！

現在的我，化妝台上留下精簡過後適合自己的化妝品，技巧緩慢進步中，上台講課的自信則是明顯改善。

自信了，自在就不遠了。

無論是暫時還沒有辦法和老師上課，或是上完課後需要持續複習心法、抑或在季季更新的流行時尚中，無意間遺忘了「打扮是為了找到更自在的自己」的精神，再翻翻這本書，都會是很好的提醒。

無論身形高矮胖瘦、臉孔天生麗質與否，都有權、也需要好好了解自己，藉由妝髮穿搭，展現出屬於自己的獨特，這本《333造型法 單挑貴婦百貨》，相信都能巧妙地幫助到你的某個部分。

〈專文推薦〉

對，這就是我！

博士倫事業發展經理　黃家澄

有時候，看著櫥窗裡的精心搭配，想像自己穿上這身衣服的樣子，會覺得「這搭配好看是好看，但這真的是我嗎？」，或者是「如果我再瘦五公斤，穿起來應該就會比較像樣了吧？」我們對於自己，總是有許多不確定和懷疑。站在鏡子前，我們先成為了最嚴格的評審，甚至腦中會浮現許多名人、韓劇裡的穿搭，想著為什麼我穿起來不像那個樣子？

這就是為什麼我對小荳老師的「自在形象」深深著迷的原因。

當我們能夠不再執著於那些所謂職場該有的穿搭，而是在充分瞭解自己的身形、喜好，甚至於個性後，搭配出「一看就像是你」的形象，這就是自在的感覺。

我總覺得穿著西裝外套、高跟鞋這樣的大家都認為「正式」、「專業」的穿搭一點都不像真正的我。所以，還記得我一開始跟小荳老師溝通的時候，我跟她說，我想要看起來專業、有氣勢，但是又要帶有溫度的感覺。小荳老師就在我帶去的一卡皮箱中，用我原本的衣服，搭配出我想呈現的感覺，真的是很神奇！

我的工作有很大一部份必須要站在台上演講，也同時必需要與重要客戶進行談判。以前的我，有幾套「戰服」是上課或見客戶必穿的。但是隨著課程邀約越來越多、跟客戶的會議越來越頻繁，總不能每次都把同一套戰服搬出來（每一次課程照片記錄都穿一樣的照片也太糗了！），但是每出席一場訓練就買一套衣服，這也太不切實際。這時候小荳老師的「333造型法」就非常實用。現在，我的衣櫥裡有一區是上台時可搭配的上衣，一區是下著，每到課程的當天早上，我就打開衣櫥，稍微思考一下今天的場地色系、觀眾類型，不太需要思考就可以變化出不一樣的穿搭。重點是，它們都有我的風格！久而久之，你就會塑造出你個人的形象，讓你更從容、更有自信的面對每一個重要場合。

自己絕對是最瞭解自己的人，我們每個人有獨特的身形和喜好。推薦小荳老師的「333造型法」給每個想要從內散發出自信的你，美麗是在我們看著鏡中的自己，會覺得「對，這就是我！」的時候自然散發出來的。希望大家都可以藉由自在形象，找到最真實的自己。

〈專文推薦〉

一位洞悉人心、細心溫暖的造型師

導演　葉天倫

「你怎麼會自己跑去剪頭髮？下禮拜就要演出了！」說完造型師林小荳嚴肅的過來檢視這位滿臉愧疚的女演員的新髮型，想著到底要怎麼補救。

那是一九九八年，那年林小荳大三。

小荳有一個故事，說我在大學時跟他的一段談話激勵她往造型師的路上走去。但老實說我不記得確切是哪一天說了些什麼，但是我記得她上面說的那段話。那就是一位造型師會說的話，不論年齡。我們是在我創立的劇團「流動夜市攤」認識，小荳當時是甄選演員進來的，但是這樣一位熱愛裝扮時尚，也熱愛用造型表達意見的林小荳，就是一個扎扎實實的造型師，儘管當時只是一個劇團的小型演出，儘管當時她也沒有任何當造型師的收入，但她擁有的是一位造型師最重要的：「心態」。

我們在劇場合作的這個階段，小荳不斷地在各種材質上實驗，也運用各種古著和手作搭配一些成衣來形塑角色。當然，很多時候是礙於經費關係，一個草創的劇團很多時候都會看見全體團員在小荳一聲令下，全體窩在黑膠地板上縫縫補補著新戲的服裝。這也造就了她創作上的彈性，重點是創意在身上和臉上的展演，並非花錢買品牌就可以堆疊出態度。

我最欣賞小荳的一點，就是「實驗」。「不穿穿看怎麼知道效果」、「不去做怎麼知道哪裡有問題」，這些話我想小荳工作上的夥伴一定常聽見。她是一個喜愛把腦中圖像直接做出來擺在演員身上，看看演員動起來的感覺，看看其他人的評論，也看看有哪些是現場燈光可以輔助造型，以及服裝和佈景的關係是否搭襯等等細節。對我來說小荳是一位「實作家」，所有事情皆可嘗試，在腦海中的所有可能都在現實中做出來搬演，這些經驗豐富了她的造型之路。

很開心看見小荳這幾年在影視造型上的作品，我也常常找她合作，這些合作的過程都很開心，因為我們有著多年的默契，心有靈犀的一起創作，用造型說故事，表達態度。現在小荳出這本書，讓讀者可以輕鬆運用我們影視劇場的專業知識來做自己每天的 OOTD（Oufit of the day），不只是為了好看，更為了清楚的表達自我品牌，運用造型來跟這個世界溝通，這不只是穿搭實用書，更是自我追尋的一段旅程。這是造型師小荳送給世界的一份禮物。

小荳，以後不用再謝謝我鼓勵你成為造型師，要謝謝當年的妳自己。是妳已經有了一個造型師的靈魂與 mindset，但可能年輕時還無以名之，而我只是照實說出我眼裡看見的妳：一位洞悉人心、細心溫暖的造型師。

〈專文推薦〉

開口之前，先用造型溝通吧！

編輯　蔡國樑

初認識小荳，在HBO每週準時放送最新一集《慾望城市》（Sex and the City，以下簡稱SATC）的年代。除了討論兩性、職場、友情、婚姻等都會男女們最上心的話題，SATC最高竿的看點在於它深諳如何在劇情線之上，用服裝與整體造型去投射劇中人物的心境。

舉例來說，Samantha在第五季曾為了取悅情人Smith，在家精心準備了一頓「人體壽司」大餐：師法東方女子以簪盤髮，嫵媚地在髮髻斜插上兩根筷子，足蹬一雙魚骨造型高跟鞋，一絲不掛地躺在餐桌上苦等失約的另一半……。

賣弄東方風情，是呼應他倆在床第間喜愛角色扮演的情趣，但選擇「壽司」自然也暗示了她的激情隨著等待逐漸失溫。高招之處在於那雙魚骨鞋，精緻美麗卻血肉無存，就像那盅衣不蔽體、獨守空閨的「人體盛」，象徵著 Samantha 在兩人角力中的脆弱、潰不成軍。

最經典莫過於女主角 Carrie 在第三季尾聲發現自己破壞了 Mr. Big 的婚姻後，身為第三者的她穿上由惡名昭彰的 John Galliano 操刀、以「報紙」滿版印刷的 Christian Dior 洋裝（王菲《寓言》專輯封面同款）向 Big 前妻道歉的橋段。最後一幕以慢動作捕捉 Carrie 獨自走在曼哈頓街頭的經典畫面，根本是劇組精心安排的 Walk of Shame，以報紙（主角在劇中的職業正巧是位報紙專欄作家）巧妙偷渡了「醜聞」被揭露的意象，讓背德、愛到飛蛾撲火的 Carrie 猶如過街老鼠，成了禮教世界中帶罪的「惡女」。

以 SATC 來向讀者們介紹我所認識的小荳，對我而言再適切不過。在這個打開手機滿目 IG、TikTok 的時代，要把自己打扮得像誰、變身為某種特定族群的形象，事實上易如反掌；反觀若想穿得「像自己」、穿出自己的風格卻是毫無捷徑，也無法按圖索驥的。

你必須要先真正地認識自己，心理諮商、靈魂拷問的那種深度。

而我所認識的小荳，自學生時期便已嫻熟於這門技術。無論是需要穿得「像」一位造型師、一位講師、一位期待著甜蜜約會的女友，甚至是一位母親……她總有辦法在第一時間——在她張口之前，堅定地用「造型符號學」搶先告訴你她是誰，以及此刻她對於周遭狀態的種種回應。

聽她拆解自己如何建立出穿搭的架構，或如何打破遊戲原則，就像在聽Patricia Field聊《慾望城市》、《穿著Prada的惡魔》或《艾蜜莉在巴黎》的劇服設計那樣，誠實且過癮。對我來說，這就是一種無上的享受。

〈專文推薦〉

三個三，我看小荳的自在形象

企業講師、作家、主持人　謝文憲

我跟小荳認識數年，不要以為本書是為女生所寫的，我也很適合，看完本書後，我想用我最自在的方法來介紹本書與小荳。

專業水準

金鐘獎入圍宣布後，有一回我在南港電影包場，樓下就是百貨公司，隨手撥了通電話給小荳，請她幫忙我挑衣服，我就在她跟櫃姐間傳遞訊息，結完帳後，櫃姐跟我說：「你那個朋友真是專業，我說當然，她可曾是多位明星藝人的造型師。」

頒獎典禮那天，我特別到她的工作室梳化，她把我這個五十五歲的大叔，瞬間變成專業晚會的出席者，巧奪天工的美感，我最崇拜這種人了。

她在福哥的簡報課堂中，對於穿搭設計的簡報呈現，讓我對她的專業嘖嘖稱奇。

學習態度

小荳在我的演講課堂，始終來回琢磨她的演講技術，不僅穿搭與妝髮技巧專業，她用說出影響力的演說技術，讓她的專業得以發光。

我帶她多次在我的企業演說課堂中，擔任中高階學員的輔導員角色，輔導教練角色的輕重拿捏，正如妝髮的自在形象般，永遠入木三分，卻又不搶主角戲份的恰到好處。

我帶她進入我的廣播殿堂，給了她兩集擔任代班主持人的機會，並與我在節目中對談的磨練，她總能掌握機會，充分學習，做出最佳呈現。

自在形象

我開辦的《豐說享秀》青年人演說培訓公益專案，她擔任培訓講師，我對她十分有信心，她在台上自信展現的模樣，很讓人傾倒。

她擔任《謝文憲接班人》其中一名成員，她總能自在的扮演各種角色，無論是主秀或是陪襯，都能恰如其分，自在切換，完全不用讓我擔心她。

有她在的地方，她絕對不會刻意賣弄專業，話不多，微笑很多，總是在旁邊安靜的記著筆記，我最不喜歡所謂的穿搭專家，在人群中刻意去指導他人該怎樣穿衣服，每個人的美感或許不同，都有其成長背景，這種事總該私下講，小荳就是溫暖的專家，不僅私下講，還寫成一本書讓您看，「衣櫥裡永遠缺一件衣服，您的書架上也很缺這本書」。

書架書桌有小荳，自在形象不害羞。

CONTENTS

目錄

1 看見自己的可能

你也覺得自己沒有妝髮穿搭的天分嗎？其實只需要掌握這三件事

「小荳老師，我以前是完全不保養、不在乎穿著的人，真的有辦法一次學會彩妝、髮型、服裝穿搭嗎？」

Elin是一位竹科工程師，擔任主管職也一段時間了，其實她不需要改變形象，也已經在職場上很有成績。

我習慣在課程一開始前先與學生聊聊，打探她們來上課的動機，別小看課前溝通，往往會帶給我不同的啟發，也會讓後續的課程更順利。

「當然可以，因為課程會由你的習慣、喜好、程度來安排設計，但首先我想要問你，為什麼想來上課？」

這個千篇一律、每位同學都會被問到的問題，而我總是可以聽到不同的回答。

「那天我工作告一個段落，下班進電梯的時候看了鏡子，突然就覺得，好像可以來學習讓自己更好看一點。」她接著說，「我們念理科的，成天跟男生混在一起，他們也把我們當男生了。

說實話，從大學開始我就沒在管什麼化妝了，衣服也是基本上舒適、自己覺得好就好。進了職場後也差不多跟同一群人相處，就沒有想改變，這樣就結婚生了孩子啊！直到最近才突然想說，好像可以嘗試看看，但是老師，我完全沒有天分喔！」

知道訣竅，人人都有天分

課程一開始先進行彩妝教學，「畫眼妝的時候，記得要從眼尾往前畫。因為你刷具沾了眼影粉，第一筆下去一定是顏色最深、粉最多的時候，放在眼尾就會剛剛好。」還沒上妝前，先把方向搞清楚非常重要。

「啊！我每次都是從眼頭畫！」Elin 雖然沒有化妝習慣，但總也試過那麼幾次，然後畫不好看了，就覺得自己沒有彩妝天分。

「對，因為我們順手的話一定是從眼頭開始。但眼頭其實最需要薄透，第一筆下去太多後，再修修補補，眼妝就髒了。」我話還沒講完，一向冷靜的Elin 突然大喊——

「原、來、是、這、樣！」

只是改變了上妝方向，畫眼妝突然就會簡單許多。這個眼妝小祕訣其實是我在電視台做梳化時，被時間壓力逼出來的。其實，從眼頭化妝，並沒有不對，但就是比較花時間。因為只要不小心畫多了，就要再花時間修改。為了避免修改，每次只能上一點點、層層疊疊，所以到後面來的藝人就一直盯著我看。

如果是談話性節目、來賓只有三、五人也就算了，我曾經做過一個綜藝節目，舉辦美少女選拔賽，每一次錄影就是二十個「嗷嗷待畫」的少女們。在這樣的大陣仗下，不想點辦法，還在細細雕工絕對不行的。

感謝當時每週的領薪訓練，讓我的梳化速度突飛猛進，後來我還被主持人稱讚是快手，幾次指定我去幫他梳化，而且還是邊開會邊進行。

在專業領域裡學會了加快工作速度的訣竅，到了日常，當然也就成為了解救新手的好方法。

然而，需要改變方向的不只是彩妝而已。

除了上眼妝方向，還有刷具的選擇、彩妝品的顏色質地（不要沾一下就太深，或是狂掉粉）等眉眉角角需注意，我想讓學生第一次接觸彩妝時就先有好的體驗，這樣接下來他們對要學的技巧才會更有信心。

先暸解原理再實作，想忘也忘不了

第二堂進入髮型教學，「小荳老師，我發現回去上妝的時候，只要記得方向，基本上就不會失敗。」有別於第一堂課的不確定，Elin 對於第二堂的學習充滿興奮期待。因為她剛剪過的髮型其實還不賴，我覺得不需要做另外的變化。

「但是老師，我回家自己整理的造型，跟走出髮廊時的樣子，還是差了十萬八千里啊！」她急著補充。

「對，所以我們就要從你洗髮後的吹整開始練習，記得是逆著吹、髮根才會吹蓬……」

「逆吹頭髮，不會更毛躁嗎？」看得出來 Elin 其實很有概念啊。

「會，所以只要逆吹髮根，讓髮根蓬鬆，自然就會有漂亮的頭型。至於其他部分還是要順順的吹，頭髮就會有光澤。」

我的教學方式習慣先說明後才開始讓學生實作，所以學生實作的時候不會只是看動作而已，是已經瞭解了這些動作的原理。

過去我上過各種老師的課，有些老師會一再強調「看多就會了、照做就對了」，但其實若沒有先了解原理，你看到的跟他看到的，絕對不一樣。這樣的教學就會很吃學生的天分，有天分的人知道要看哪裡做什麼，沒天分看了半天也只是在看表演，不是在學習。

引以為鑑，在百意的教學，我盡可能都要把直覺、美感、靈感、經驗、習慣動作，這種看似虛無飄渺、稍縱即逝的事，轉化成可以傳遞的語言、技巧、方法。

我舉個例子好了，你知道「噁心眼線」要畫在哪嗎？

請不要去 Google「噁心眼線」，因為這個詞是只存在我的課堂中、只有上過課的人才會知道，上一次就忘不了。

不是買錯衣服，只是還不會穿搭

最後一堂上的是服裝穿搭，Elin 依照我提供的形象參考圖（一份為每一位學生量身設計的妝、髮、穿搭單品建議圖），帶了一卡皮箱來上課。

「好多衣服都是我買了沒穿過幾次，結果發現竟然符合老師給的參考建議！」

「因為那就是很符合你個人特色的衣服，你的直覺是對的，只是你還不太會穿搭，導致對的衣服也穿成不對的形象。」

單看一件衣服，絕對比搭配成套還要容易。所以很多學生買的單品其實沒問題，但當配得不好看時，就開始懷疑自己是不是連買衣服的能力都沒有。其實，很多時候並不是學生的問題，是因為有一些成衣本來就需要靠我們手動調

整，才能穿出量身定做的合適感。只要掌握這些搭配、微調的技巧，就能無限複製在其他的穿搭組合裡。

「不知道為什麼，這次再重新看這些衣服，跟以前都不一樣了。」Elin 在穿搭了幾套組合後有感而發。

彩妝、髮型、服裝穿搭，三點不漏

除了對的服裝搭配，彩妝、髮型都是讓穿搭更輕鬆的關鍵原因。很多同學只想用服裝穿搭改變形象，不是不行，但會比較費力。試想想，當你要認識一個人的時候，會從哪裡先看起？

頭髮長度的比例就會影響身長，有時候剪個頭髮，你整櫃的衣服穿起來就完全變了一個樣子。

想找出讓自己好氣色的服裝，但你可能只需要擦一個對的防曬乳，都還不用化妝喔，就有好氣色了。

會把妝髮課程，安排在穿搭課程前，有其必要和原因。很多時候學生只是換個髮型，五官變立體、身長比例變好，接下來要做的事情就簡單許多。

你還覺得妝髮穿搭需要天分嗎？

其實只需要掌握三件事——

1. 知道訣竅

2. 了解原理後實作

3. 彩妝、髮型、服裝穿搭，三點不漏

「我再也不會說自己沒有妝髮穿搭的天分了！」Elin下課前的這句話，是我當老師最喜歡的時刻。

我只是個上班族，需要建立「個人形象」嗎？

那是一個有著夏夜晚風的天氣，在充斥著燒焦味的臨時辦公室裡，我當時是蔡瑞月老師《牢獄與玫瑰》重建舞作的服裝助理。

每週扛著舞衣穿梭在新舞台、服裝師的工作室、我家（帶舞衣回家洗），以及這個有焦味的臨時辦公室。

「一九九九年蔡瑞月舞蹈社被指定為文化古蹟，但不幸的是蔡瑞月舞蹈社在被指定的隔天被縱火燒毀，即使如此，蔡瑞月老師仍返台，在待重建的斷垣殘壁中指導學生練舞，進行舞作重建《牢獄與玫瑰》，之後也繼續進行一連串舞作重建工作。」而我當時就是在那斷垣殘壁中，快樂地工作著。

第一次體會「個人形象」的魅力

第一次接到舞作服裝助理的工作，尤其是蔡瑞月老師的舞作重建，來參與演出的舞者都是最頂尖的，面對專業的舞者和服裝設計師，我這個小菜鳥一點細節都不敢馬虎，常常往辦公室跑。

那天進辦公室做什麼我已經忘了，騎著我的 JOG 小 50 穿梭在中山北路的巷子裡，下車時覺得有點冷，拿了車廂中皺巴巴的白襯衫套上，就前往辦公室。

斷垣殘壁帶有燒焦味的辦公室，因為臨時的妝點，還有一些彩色燈泡顯得有點諷刺的小浪漫。那天舞作重建的製作人蕭渥廷（大蕭老師）也在，她看到我大聲的說：「哎呀，果然是小荳，你這件三宅一生的罩衫搭的真好看！」

「老師，這不是三宅一生，是被我壓在摩托車箱裡皺巴巴的襯衫啦！」

如果你認識大蕭老師，你就會知道她不是個會故意製造笑點的人，但的確常有可愛的小糊塗。那天不知道是燈光太浪漫還是怎樣，一件皺巴巴的襯衫竟被我穿成三宅一生。雖然已經是個二十多年前的小插曲，但卻讓我印象深刻的原因是，當時我就細想，會有這樣的誤會是因為大蕭老師自身的眼光和品味，以及我平常帶給人的印象。

也就是，我第一次體會到「個人形象」是什麼意思。

買不起三宅一生，就無法建立個人形象了嗎？

我的確很愛三宅一生的皺褶設計。

一件衣服能夠全由皺褶組成、收納成拳頭那麼小，穿在不同人身上，還能有修飾身形的立體感，根本是該得諾貝爾獎的發明。

最重要的是，三宅一生的選色和圖紋都很花，完全是我的菜（當時喜歡的是三宅一生的「Pleats Please」這個品牌，相較於三宅一生更年輕活潑許多）。不過他的價位並不是還在唸大學的小菜鳥可以負擔的，所以當時的我只能仰望，還無法擁有。

即使沒有穿上三宅一生，但可能太喜歡、看得多，往往也能從五分埔找到花不隆咚、不對襯剪裁的衣服穿上。久了就變成我的「個人形象」，朋友看到我穿素色衣服反而會問：「小荳你今天怎麼了？」。

或許是在菜鳥時期就被大蕭老師的眼光（或小糊塗）讚美過，日後即使我擁有了三宅一生，也還是會喜歡在五分埔、各國的小店、二手店，搜刮那些很便宜但是看起來很有設計感的服裝。

形象不是你穿了什麼品牌，而是你日積月累給人的印象

「形象不是你穿了什麼品牌，而是你日積月累給人的印象」，後來我總會在形象課上分享完這個小故事後，以這句話作總結。

「小荳老師，但我們不過就是上班族，需要建立什麼『個人形象』嗎？」

回答這個問題之前，我想先分享一件發生在大學時期、讓我體會到「個人形象」的故事。大學有一堂傳播媒體……什麼分析的課（老師請原諒我），某位同學的報告做了全班調查，選出幾個班上的指標性人物。

其中有一項是「如果你對服裝穿搭有疑問，你會請教誰？」，令我驚訝的

是，我竟然高票當選。當時聽到我名字的時候完全嚇傻，因為其實我並沒有專心在上課（所以才會連課程名稱都忘記啊），當下還以為是叫我起來要發言嗎？還是點名？

那天我的穿搭絕對不符合形象顧問這個角色。因為那陣子正在忙著一個劇團的實驗性演出，幾乎每天中午下課，我們就會衝到學校廣場即興演出，（現在回想起來真的很瘋）。我穿的演出服裝就是全身黑，下身還是方便肢體活動的水褲，毫無造型可言。

當老師問說：「對妝髮穿搭很有想法的小荳是哪一位啊？」的時候，當時我超尷尬，內心想說怎麼在我穿這樣的時候得金馬獎啊（並不是）！

我在大學念的是廣電系電影組，雖然拍作業的時候，都會需要造型，但其實大學四年的課程裡，只有一學期的化妝學跟造型相關。大一的我，從來沒想過只是興趣喜歡的妝髮穿搭，有可能會變成工作。

但隨著每一次拍作業、劇團的演出，我都自願當造型師、也自己找老師進修後，沒想到，大三開始我就接到業界的造型案子。

種下一顆造型師種子

一直到今年（二〇二四年），畢業都二十年了仍有大學同學找我做造型合作。除了影視造型合作，全班同學約六十人，有十一位的結婚造型是我做的，也就是全班六分之一的同學，在人生大事的這一天請我為他們造型。想到當年的票選可能只是好玩，但或許還真的有參考價值！

穿搭對我來說一直都是好玩的，在這個玩心當中，無意間形成了溝通，讓人留下印象。曾經有同學說：「任何奇怪的顏色，只要放在小荳身上，都會變成合理的。」多彩的穿搭，像是在演繹我每天的心情。

「欸，小荳，你今天的妝好酷喔，借我拍張照。」某次上課進教室前，被同學喊住，而且是位男同學喔，竟然會觀察到妝。還有陣子同學們都叫我「娜姐」，因為我染了一頭金髮還燙捲，有次剛好戴了頂牛仔帽，他們說很像瑪丹娜當時的專輯造型。

原本我只是喜歡妝髮穿搭、玩造型，從沒想過可以成為造型師，甚至是老師。但因為我的形象，讓同學們很能成為話題的跟我討論、詢問我建議，久而久之，的確也是為我日後成為造型師種下了一顆小小的種子。

「你自己要先覺得是，你就是了！」

大三的時候隨著「流動夜市攤」劇團接了大大小小的案子，妝髮服一手包辦，但還是常常很沒有自信，覺得自己還是學生啊、沒有說服力吧？有天團長葉天倫跟我說了這句話，現在回頭想想，我的造型師生涯，就是從那一刻展開。

其實，不管你覺得自己需不需要個人形象，就算你不去打造、經營，不做任何改變，你已經有個人形象了。

只是，你的外在形象，跟內在是吻合的嗎？

每天的妝髮穿搭，對你來說是舒服的嗎？

職場上，你的形象有沒有為你說話？能不能進一步幫助你的事業、正在進行的計畫？

個人形象不應該只是看起來好看、專業而已，一個符合你的形象所帶給你

的，會是打從心裡的滿足、開心。無論是在職場或生活，都能充分表現出多方面的自己。我稱她為「自在形象」。

在我還沒想到「自在形象」這個詞的時候，從別人的眼中看到了擁有自在形象的美好與價值。從誤打誤撞開始的熱情，延續到致力把美感轉化成能夠傳達的技術，並樂於分享當中的方法與訣竅。無論是幫人做妝髮造型、教學，或是這本書，都是想把我感受到的美好，用能夠馬上學會、做到的方式，繼續傳遞。

形象不需要完美，留點自然，才是真自信！

「雜誌裡的穿搭，即使買一模一樣的服裝，穿起來也是另一回事。」

「我已經做過個人測色、也選了適合自己顏色的彩妝品、衣服，但還是覺得不太適合自己……」

「朋友都說我應該要先找出自己的形象風格，但看來看去還是不知道適合自己的風格是什麼？」

你也為形象、風格、妝髮穿搭，苦惱著嗎？

我想先跟你分享一個看起來已經很有個人形象的例子。

Kate是一家大公司的部門主管，她留著俐落的中長髮、自然的植睫毛、淡妝、身穿符合企業身份的訂製西裝套裝。在我眼裡，她把自己打理得很好啊，那她為什麼會想來上課？

隨著課程到了最後一堂，雖然她的妝髮穿搭技巧改善了不少，但由於整體來看沒有明顯的變化，我還擔心她太會不會覺得課程收穫太少，因此我一再地確認：「這樣有達到你的目標嗎？」而她總是露出開心的眼神：「當然有，我的妝越畫越順，也從沒想過這些衣服可以這樣搭。」

後來她繼續報名穿搭實戰課，學習地點從教室變成百貨公司，我一直強調這堂課的重點不在買衣服，而是學習怎麼選擇、怎麼從逛街中快速抓到時尚趨勢、找到適合自己的單品。

找出真正的渴望，穿出屬於自己的樣子

一起逛了幾家店，說明櫥窗裡重要的訊息，幫他找到幾家適合的品牌。在這個看似一起逛街的過程中，她會問：「小荳你現在看著這排衣服，是在看什麼？」「當你碰到一件衣服、把她拿下來的時候，是怎麼決定的？」「像這件，我絕對想不到我可以怎麼穿，你是怎麼判斷的呢？」

哎呀，換我被靈魂拷問嗎？

但我很喜歡這樣的環節，把經驗、習慣、變成直覺的技能，再次拆解、說明，最大受益的絕對是我自己。**於是我明白，她真正的渴望，不只是好看、有個人形象而已，她渴望把這些選擇，更深度地連結到自己。**

「以前的妝啊、髮型啊，還有所謂的形象，都是聽別人的建議。可能是喜歡時尚的朋友，或參加一些課程學習，的確是滿有幫助的，很多人都說我看起來更專業了。但其實我心裡有時候會有點抗拒，覺得『那不是我習慣的樣子』，每次穿上所謂很有形象的服裝，都覺得我是不是在演一個別人。」上完穿搭實戰課後的討論中，Kate 跟我在一個有著渡假風藤椅的咖啡廳裡，聊著她的心得。

「某次看到小荳老師的文章中寫著，不一定要穿高跟鞋才能展現形象，突然發現我好像就是很不想穿高跟鞋，但怎麼自己從來沒發現呢？後續再讀了幾篇文章，也都很打中我，就決定來上課了。」

「但其實我們除了換掉高跟鞋，你的穿搭加分公式裡有七成的衣服都是原有的，這樣你不會覺得收穫太少嗎？」藉著她聊開了，我也想聽聽看她現在怎麼看待形象。

「完全不會啊，因為這些衣服換了穿搭方式之後，更有我的味道了。例如以前我一定是穿上下同色的套裝，我以為那樣才夠有形象、才是個人風格。但現在我更喜歡把她們拆開來搭配，用老師說的『配色1＋1』，搭同色的彩妝、鞋子或包包配件，而不一定都是要穿整套。」

「還有啊，我也很喜歡把一些私人喜好，加入專業形象的環節。以前上班前會有穿制服的感覺，重點是這些制服都很貴啊，就又覺得我為什麼花了錢、有了形象，但穿起來沒有很開心。」講到這一向沈穩的 Kate 大笑了，我們從課後討論變成像是朋友下午茶的氛圍，我也好好的感謝了她給我這麼真誠的回饋。

打造專業形象，只能「西裝外套＋高跟鞋」嗎？

曾經上過一門個人品牌形象的課，主要是學習自媒體平台的經營。授課的老師不高、而且超瘦的，講話的語速有點快、很有自信的神情，但你知道嗎，就在一個穿搭的環節，我看到她其實不是很有自信。

就是高跟鞋。

她不會穿高跟鞋，走路的時候有點吃力，膝蓋一直是微彎的，很不自在。那雙鞋很高，但跟她的率性沒有很合。才剛出場，我的思緒完全被那雙不適合的高跟鞋給帶走，她明明很有氣場，不需要啊。

「西裝外套＋高跟鞋」，是大家印象中很有女性力量的形象，但真的只有這樣嗎？如果那天她穿的是有高度但是好走的老爺鞋，會不會更符合她率性的個人品牌形象？

YouTube 崛起後，對電視圈造成不小的衝擊。一開始電視圈的人都說，那樣不精緻的畫面、不夠明星感的主角，充其量就是小眾市場、粉絲會看而已。然而經過時間累積，那些不精緻的拍攝技術進步了，長得不夠「明星」的 YouTuber，紛紛數十萬甚至破百萬訂閱，成為新一代明星。以前拍廣告的梳化對象大多是藝人，現在有一半是 YouTuber。

YouTuber 哪裡吸引人？觀眾愛看什麼？就是畫面裡跟我們相近的生活感。

於是藝人明星們也紛紛開頻道、拍起生活。要用脫下打歌服、卸去形象妝髮的日常，再次打動人心。想像一下，你是明星，今天要開始拍 YouTube 影片。除了分享你的專業，你還想分享什麼？

「我好愛去日本，疫情前一年跑個三趟是基本，或許我會想拍拍去日本的 Vlog。」一位律師這麼說。

「當然要拍我喜歡的美妝啊！」她是一位資深的護理師。

「雖然不知道有沒有人會看，但我喜歡收集各種拼圖，可以花一整天時間拼拼圖。」她是一位教語言的講師。

於是我建議律師可以在專業形象裡，加點日本的元素。可以直接找日系的服裝品牌（剛好她的骨架小，很適合穿日系剪裁的衣服），或者鎖定她最愛的櫻花色為主色調，櫻花色可以出現在她的彩妝、飾品、服飾單品……。又或者挑選一個日本買的吊飾，掛在方方的公事包上。原本嚴肅的律師形象，因為這些元素而有了柔軟的氣氛，其實在形象語言裡也是一大加分。

「可是這樣不會太衝突嗎？」律師問。有時候衝突就是記憶點，太完美會像是打造出來的。

喜歡美妝的護理師後來告訴我，她越來越喜歡畫著妝去上班，除了自己開心，許多病人也稱讚他的好氣色，無形中帶來了良好的互動。

教語言的講師接受了我的建議，添購一些有拼接設計的服裝。一來擺脫他以前只會穿素色服裝的一般形象，拼接設計的衣服在講台上更立體、顯眼、獨特，漸漸也成為他的形象辨識度。沒有人會想到，這個辨識度的來源只是因為他喜歡拼圖。

從職業去塑造形象的時代已經過去，大家都會做、都一樣了。

留點生活感才是真自信，在現在的市場，會更有說服力。

在妝髮穿搭的路上，深刻連結自己

我有很多、很多的學生，上完彩妝課也沒真的化妝出門（我是從看他們FB、IG或是口中得知），但又緊接著續報下一期課程，我內心的OS是——你確定？一開始想說應該是上課氣氛好，當作來這裡交交朋友、放鬆心情？

但漸漸地，我看到學生變瘦了（而且為數不少，莫非是被彩妝課耽誤的瘦身班？）、跟男友分手了（我會知道都是她們有點開心說出口的。），也有的突然轉職，或者變得很開朗……

這讓我想起當初開始彩妝課的初衷，對大部分的人來說，不是要教她們畫出多厲害的彩妝，而是透過每一次的課程，看見自己，更深刻地連結自己。

學化妝，不只是變漂亮而已！從公益彩妝課看見變自信的魔力

小慧是我在由「她渴望 SheAspire」舉辦的公益彩妝教學課裡遇到的學生，她是一位身障朋友，住在彰化，有幾次公益彩妝的活動，她會特地開著她的輪椅特地北上參加、風雨無阻。

那天分組剛好在我這桌，由我負責帶她。她的笑容和開朗很吸引我，也因此教學的時候常跟她開玩笑，一搭一唱的。在第一次的課程之後，我收到小慧的私訊，三不五時還會小聊一下近況。

「沒想到化妝那麼有趣，我現在每天都會畫眼線喔。雖然常常還是會暈開，哈哈哈……」接著就收到小慧傳來的照片。

後來我才在她的粉絲頁上得知，當初她第一次來參加公益彩妝課的時候，

其實正是她很低潮的時期，對許多事情都提不起勁，我想她來公益彩妝課可能是她低潮時期少數的快樂時光。

從接收變成給予的暖心

二〇一八年，我加入公益彩妝的第二年，「她渴望 SheAspire」更舉辦彩妝品公益義賣活動，將募集的全新或二手彩妝品分送給有需要的婦女。記得義賣的當天，許多學生、朋友前來捧場。能在這麼特別的場合敘敘舊，開心又有意義。接著，我看到一行人，遠遠的散發出愉快的氣氛，在那一行人的後方看到那台熟悉的電動輪椅。

「小荳老師！我特地帶姊姊們來找你！」小慧不只來了，還幫我「烙人」來。

她握著我的手說，「我看你們這麼辛苦，就想說一定要來參加！」接著她就「推坑」姊姊，要我幫姊姊挑選一些適合她們的彩妝品。那天她們離開的時候，不只是手上大包小包，小慧的輪椅上也掛得滿滿，活動結束後她們就要直接搭高鐵回彰化。這個特地前來參與支持的心意，在我心裡溫暖了好久好久……

再過一年的公益彩妝課，小慧出現的時候直接說她不拿彩妝品沒關係，輪椅一開，直接到我這一桌與學妹一起上課，還真是沒想過，在公益彩妝活動裡，也能有學姊回來帶學妹啊！

又到了畫眼線的環節，同學們開始哎哎叫抱怨個不停，在我正想開口回應時，小慧率先開朗地笑著說：「如果我手殘都可以畫眼線了，你們沒有理由不行！」接著開始說自己的右手無力、會手抖，也沒辦法將手提到眼睛的高度。但是沒關係，臉可以靠近手一些，抖抖的嘗試，多練習就越能掌握。

這幾年大家常常拿「手殘」來開玩笑說自己手拙不會化妝。我一直覺得這個用詞不太好，但沒想到小慧竟然用自嘲激勵了座位上的學妹們。化妝從來就不只是變漂亮而已。

每一個人，都有自己的化妝需求

來參與公益彩妝的婦女們，有些是身障朋友，有些是曾經遭受家暴、性侵，或者長期需要照顧病孩的媽媽。我很喜歡「她渴望 SheAspire」總是用「特殊境遇婦女」稱呼她們，因為她們並不是弱勢，只是經歷了特殊境遇。除了身障朋友，大部分的婦女們其實從外在是看不出來有什麼不同的。所以那天當坐在輪椅上的小慧，以學姊之姿說出這句話的時候，我的嘴角應該已經笑到太陽穴，我沒想過在這種一年一次的公益彩妝活動裡，竟然也有「得意門生」。

當初參與公益彩妝，就是想以自己的專業，影響其他人。但就如同每次活動後的分享，其實我們志工的收穫，絕對不比參與者少。**小慧和其他身障朋友化妝時的樣子，也都在提醒著我，彩妝帶給人的自信不僅是因為好看而已，一個彩妝的「動作完成」，絕對也是自信的來源。**

「其實不管是不是特殊境遇，每一個人，都有自己的化妝需求。若我們能在教學時不斷地溝通、留意學生的表情，肢體上的障礙都是可以想辦法克服的。」後來在專業班教學時，也都會把公益彩妝的經驗分享給想成為妝髮造型師的學生們。

而就在我開始覺得任何境遇的學生都難不倒我時，「她渴望 SheAspire」的主辦人衍綸私訊我說：「小荳老師，你願意教視障朋友化妝嗎？」

「當然可以，但我想先跟他們聊聊。」後來衍綸安排了一位平常就有在化妝的視障朋友現場示範化妝。我們看完後，每位志工也都自己閉著眼睛化妝看看，從體驗當中直接了解難處。

在那次的練習過程裡，我對於自己閉眼化妝還算有自信，還有種躍躍欲試的心情。但沒想過的是，當我閉上眼睛也才上完粉底，大概一分鐘的時間，就對於「看不見」感到強烈不安。

天啊！我好想張開眼睛，但是我只畫了粉底。就在內心一陣小劇場之後，決定開口求救，問當天協助側拍的志工：「欸，我應該看起來還可以吼？沒有很慘吧？」

「小荳老師你很好啊，而且你……你有畫什麼嗎？」志工的回答讓我瞬間放下了不安。那個不安完全不是畫的好不好、醜不醜，就只是——「不習慣」。

原來，我們都一樣

帶這樣的不安感，我在之後兩次的視障朋友的公益彩妝課教學，除了簡化彩妝步驟、推薦很適合視障朋友使用的彩妝品，教學時我更不忘「一直跟他們分享現在的樣子」。對視障朋友來說，他們的不安，可能來自於不習慣用這麼多東西在臉上、不習慣自己可能會長得不一樣，但又沒辦法自己確認，所以更需要在「消除他們不安感」下功夫。

你可以想像，他們畫起妝來有多不容易，但你也可以想像嗎？他們化妝時的期待、緊張、開心，跟明眼人一模一樣。**光是知道自己變漂亮、變好看，就是件開心的事吧！**

記得我在學生時期讀過一部漫畫《彩妝美人》，其中一段提到海倫・凱勒的故事，她的老師讓她「體會顏色」的方法，至今仍讓我難以忘懷。她的老師是用味道來做連結，把所有顏色的顏料都加上特定香味，她雖然看不見顏色，但能夠用嗅覺對顏色有感。在視障彩妝教學的過程裡，我雖然不能客製彩妝品、用味道溝通，但也盡可能的，把他們使用在臉上的顏色形容出來。

「你現在用的腮紅色，就像是運動後，臉上會很自然紅潤那樣，所以不用擔心會用太多。」

「我們在眼睛上畫點珠光，這個摸起來粗粗的，就是細細的亮粉。就像你會戴項鍊一樣，讓臉上也有一個亮點。」

「你的嘴唇唇型很好看，無論什麼顏色的口紅，只要用手指輕點就會有效果。現在手上方型的這個是偏橘的顏色、圓管狀的帶點粉紅，通常大家覺得偏橘色的比較知性、粉紅有點可愛，你也可以隨著心情這樣試試。」

在與視障朋友的交流中，也學會了用他們需要的角度給予建議，直接甚至主觀的描述，會比客氣稱讚但籠統來得有幫助許多。

打扮，其實是療癒自己的過程

後來某天我在工作中，瞄到一則訊息寫著「小荳老師，請問我有戶外跑步的習慣，出門需要上隔離嗎？有比較適合運動的隔離防曬嗎？」當時心想，這是哪個學生，怎麼會問這麼基本的問題？

工作結束後打開完整訊息，原來是某一場視障彩妝課學員的提問，當下我才體悟到，學生在上課後，開始學習照顧自己、在意自己，就是課程最大的成功。

「打扮的過程，其實很像靜心。前陣子很流行畫「曼陀羅」，達到靜心舒壓的效果，我發現專心化妝、配衣服的時候，也很專注、很舒壓。」學生Sally在第二堂課的時候這麼分享，才第二堂課，她已經體會到課程的核心。

無論是畫出一條眼線、擦上符合心情的口紅、好好地保養皮膚、吹整頭髮，選件喜歡的衣服。**有時候我們需要的是這一段過程，讓我們從悶熱的天氣、做不完的家事、傳不停的工作訊息中，回到自己。**

看起來毫不費力，是因為精心設計

那天，我在紐約遇見了人生中最喜歡的造型師。

她是Patricia Feild，知名影集《Sex and the City》的造型師。這部影集當紅的時候我十八歲，還是個正在念世新廣電系電影組的大一學生，老師在課堂中提到了這部影集做法很新，大家都應該去看一下。但怎麼會知道呢，這部影集對於我接下來的人生，有著莫大的影響力。

Carrie這個角色的造型設計無疑是我的最愛，她那一頭金色、超Q的捲髮，配上永遠不在規則裡的穿搭方式，對於當時剛脫離國高中每天穿制服、面對各種考試的填鴨生活裡，開了一扇夢幻之窗。她的絲巾不在脖子上，而是綁在手臂上。腰帶不在裙子上，而是在裙子的「上方」。

那套造型她穿著一件短版的緊身上衣，露出緊緻的細腰，搭上低腰裙子，而跟裙子同是淺綠格子布花的腰帶呢，就繫在真實的腰上，非常莫名其妙。但是，看過一次你絕對忘不了。而這樣莫名其妙的穿搭，其實也時常在劇裡「為她說話」。除了展現她所謂的人設，更多時候是把她心裡沒有說出的台詞，用服裝造型展現了出來。

有一場與男友約會的戲，她穿著童話公主般的蓬裙、畫上精緻的彩妝、有點性感的捲髮，一整身 ready 好的樣子走下樓。正當觀眾與她都一樣期待著「這次要去哪個餐廳約會？」的時候，男友帶著大包小包的食材說：「今天我們在妳家吃飯吧！」

什麼話都不需要說，兩人坐在地板上晚餐（她家沒有餐桌），她那件坐落在地板上的蓬裙，暗示著兩人的不和諧，即使當下看似仍有談戀愛的粉紅泡泡⋯⋯。劇情後來 Carrie 去了法國，期待跟男友有更進一步的發展時，這次他們來到了走出陽台就能看見巴黎鐵塔的高級飯店。

打破一成不變的公式，才有好玩的可能

她再次盛裝準備與男友的晚餐，在飯店裡，畫面終於如童話故事般；蓬裙襯出閃閃發亮的光澤，跟飯店裡精緻設計的家飾們呼應著，更別提窗外那座也正在閃閃發亮的巴黎鐵塔。這一次，她穿著蓬裙，坐在窗台、坐在沙發、臥躺在床上，一幕幕就像是時尚雜誌封面般的畫面，訴說的卻是漫長的等待。他的男友沒有出現。

二〇一二年我去紐約ＭＵＤ（Make-up Designory）學院進修妝髮，當然也去了Patricia Feild的店裡朝聖，一逛就是兩小時。正當我在門口旁細細挑選帶有龐克設計感的飾品時，餘光瞄到一位整頭正紅色長髮、穿著簍空背心可見裡面的內衣，還把手機插在內衣上的女子正要進門時，馬上意識到「天啊！我遇見了Patricia Feild」。

她本人的氣質（或者說氣勢），跟她的店，以及她的作品一氣呵成，完全就是寫著「我沒在管潮流，我就是時尚！」去年她在出版的新書《Pat in the

City》裡提到，《Sex and the City》裡的服裝，在初期是一直被製作人打槍的，每每都需要很大量的討論。

「玩造型和打破風格的框架，是這部影集很大的特點，同時也是我的本性。」她說。

「製作人 Darren 發現片中戲服讓這部影集添加了更多層次，便決定寧願冒著被認為太怪異的風險，就算偶爾判斷錯誤，也不打安全牌。」

「那很好，因為我從不打安全牌，而且我的判斷很少失誤。」

那次雖然只是匆匆地合照，但對我來說就像是獲得神奇能量般，在接下來的職業生涯中，不忘提醒自己踏入造型行業的初衷。

從玩造型，到發揮影響力

「大部分的老師教穿搭，都是說你要多一個這個、加一點那個，才會好看。但是在剛剛小荳的示範裡，卻是讓學生少一個髮飾、腰帶轉一個方向，即使衣服也沒變，整個人的感覺都不一樣了！」這個評語來自於我的演說老師謝文憲，那是憲哥還完全不認識我的時候。

「我看過很多教造型的簡報，但是像小荳這種內容是第一次。她很專業，卻在教學的時候選擇了連我一個男人都能馬上聽懂的方式，不簡單！」在那次見到憲哥本人之前，我已是憲哥的粉絲多年，讀他的書、看他的線上課，想增進自己的講師能力。

但沒想到的是，當時他身為評審的幾句話，讓我感受到教造型不只是把學生變美而已，透過簡報、演說，可以讓更多人知道造型的美好，並體會在其中找到自己的本質。

「用輕鬆有趣的方式，讓你學會專業的造型技巧」這是掛在百意造型官網上的一句話，而憲哥只看了我七分鐘的簡報，就彷彿看透了我的教學核心。

也就是從那一天開始，我再度獲得力量，一步步把企業內訓裡的精華、原本在課堂中可能要上兩三個月的課程，整理成這本書。

2

建立三個生活角色造型

打開衣櫥總覺得少一件衣服？請用三個生活角色分類衣櫥

你的衣櫥是怎麼分類的？上衣區、褲子區、裙子、洋裝、外套、配件……，依照服飾種類，還是分顏色排得漂漂亮亮的？

只要衣櫥有分類，就已經大大節省很多穿搭時間，但你是不是還是覺得，為什麼每天都在煩惱要穿什麼？

一起試試依照生活需求來分類衣櫥吧！

大概在兒子一歲多，剛開始學說話、愛說話的年紀時，一天早上，我站在衣櫥前，打開衣櫥的門，用眼睛快速掃射衣服，就在這個「timing」，兒子說了一句話：「都沒有衣服可以穿……」

那是正在學說話的兒子重複了媽媽每天的台詞。我哭笑不得，兒子實在太可愛了，我才發現我竟然也陷入了「衣櫥裡永遠少一件衣服」的漩渦。

「為什麼會這樣呢？我明明都在教學生穿搭，怎麼還會對著衣櫥嘆氣呢？」

「啊！原來學生的心情就是像我現在一樣，那到底是什麼感覺？我現在得好好感受一下。」

「等一下，已經十五分鐘過去了，現在得趕快出門！」

內心一陣小劇場後，還是隨便抓了件上衣就穿出門了。

那一個早上，或者說那陣子的每一個早上，我就是打開衣櫥，嘆口氣，望向一件件的衣服，內心納悶著：這件上衣穿起來肚子好胖、這件袖子太短遮不住手臂、那件好看的襯衫穿了好多次了。上衣評論完還有褲子，最後說出那句連兒子都學會的台詞——「都沒有衣服可以穿……」

兒子的童言童語才讓我意識到自己已經在這漩渦太久。既然產後沒那麼快瘦下來，我還沒下定決心減肥，那就來重整我的衣櫥吧！

重整「媽媽角色」的位置

「媽媽」對我來說是一個全新的角色，過去當然從沒有安排過媽媽角色的穿搭。

原以為我這麼做自己的人，當了媽媽，穿搭風格也不會相差太多才是。我果然還是太嫩。當了媽媽或許還可以保留我喜歡的多彩設計、不同風格流轉，但是，育兒所需要的服飾機能，還真是當了媽媽之後才能明白。

以往喜歡的多層次感，當了媽媽都變成累贅。尤其衣服上的小碎鑽、卯丁、抽虛的流蘇等設計，在孩子一歲前常常需要抱身上的時候，這些時尚配件都成了兇器，可能會刮到寶寶的身體、或者被抓來吃吃看。因為這樣我有一半的衣服，是真的不能穿。

再來那些合身的 T-shirt，在親餵的時期更是無用武之地。一來因為胸型改變，每件 T-shirt 穿起來都不是我認識的樣子，二來出外需要親餵時，那原本讓身型好看的剪裁，只會緊到想讓你乾脆整件脫下來餵奶。這些衣服又佔了百分之二十五。

剩下來百分之二十五可以穿或者穿起來好看的，有些是過去穿 over-sized 風格現在剛好的、有些是當初喜歡設計買偏大一點的、有些是懷孕期間買的繼續穿。

也就是說這整個衣櫥只剩下四分之一，拼拼湊湊來的服裝，根本還談不上風格，而我是一位教妝髮穿搭、要大家學會自在形象的老師啊！

「那四分之一，到底是什麼新世界？我就來研究看看！」以苦中作樂的心情開始重整。其實在研究衣服的過程中，也就是在認識自己新的身型。不論是因為產後，還是其他原因，你的身型改變了，那麼你就會需要重整一下穿搭和衣櫥，也是重整自己。

找出你的三個生活角色

「請寫下你在生活中的三個生活角色，例如，我是：鬼靈精怪的妝髮造型師、小荳老師，還有七歲的林小荳。」此時學生通常會一個問號臉，加上有點詭異的笑，我就繼續說。

「當造型師的我，穿搭比較有個性一點。破牛仔褲、花不隆咚的上衣、流蘇包包……，我想玩的時尚會放在這個角色裡、盡情發揮。」

「但小荳老師就會收斂許多，畢竟學生在上課不能只看到我，而要專心地投入在課程裡。再加上企業講座會去到不同的公司，我會隨著企業文化，而穿得更融入一些，讓學生在第一眼就有認同感。」

「那七歲的林小荳是什麼意思？」學生每次聽到七歲，眼神都是老師你在說什麼的難以置信。

「那就是我最休閒的時刻。沒有工作或者社會的標籤，開心穿什麼就穿什麼。但即便如此，這個角色依然有穿搭公式可循，不然就會變成邋遢。」

一般來說我會建議學生，先分成三類型的生活角色——職場、休閒、特殊場合。

這三大類會用到的單品，可能是完全不一樣的。不一樣的顏色、材質、剪裁、風格等等。除了區分出三個生活角色的穿搭，初期也會很建議學生直接區

分衣櫥裡的分類。

例如我在造型師工作（職場）和休閒時都會穿 T-shirt，但穿去工作的必定和平常穿的有所不同，我就會分區擺放。這樣當我工作前出門的時候，只要看職場那一格的 T-shirt 就好，不需要一件件檢視。

同時，依照三個生活角色，不同功能而區分的衣櫥收納，更能一目瞭然目前衣服數量的狀況。想買衣服的時候，在腦中回想一下衣櫥的樣子，現在是那一類的 T-shirt 比較少？還是根本爆滿了？

所以當我在衣櫥前喊出名言——「怎麼都沒有衣服可以穿！」的時候，正因為衣櫥裡沒有一格是媽媽角色，我只能再從職場和過去的休閒裡，挖一點可能，非常苦澀。

衣服不需要全部重買，只需重新整理衣櫥配置和穿搭

意識到其實是過去沒有的生活角色，一切就好辦許多了。先從那可穿的四分之一中，找出好看的共通點。

以上衣來說，在那個階段，我需要可以遮手臂的袖長、衣服要直挺有型、但不能寬鬆也不能合身。休閒時的 T-shirt 必須沒有任何裝飾物，職場 T-shirt 可以。

休閒的部分，整理出一些過去偏大的 T-shirt，以前被放在較後排、偶爾穿搭用，現在全站上C位，天天可穿。

職場的部分，則是先打散過去的分類，有些之前被放在休閒的剪裁（例如蝴蝶袖），現在則是拉到職場主軸。身型偏瘦的時候穿蝴蝶袖，感覺太輕鬆，我工作的時候不穿。但是產後那陣子，稍有空間的蝴蝶袖會讓我看起來輕盈一點，非常時期，只要工作性質適合，先解決穿搭問題再說。

經過一番重整，就可以明顯看出新的三個生活角色配置（特殊場合也是要重新安排，這裡先略過），即使總的來說，我還是只穿了衣櫥裡四分之一的衣服。但因為規劃了媽媽角色的一區，此後打開衣櫥我就只看那一區就好。不但不嘆氣了，也省了很多時間。

寫文的此刻兒子四歲多了，雖沒變瘦太多，但因為運動身型改善不少。近期再度檢視一下衣櫥，發現可以穿的已經重回八成。

除了當媽媽這樣的新身份，在教學經驗裡，談戀愛（或失戀）、轉職、升職、搬家等生活上的改變，都會讓你在穿搭上有新的需求。但新的需求並不代表你的風格（穿搭／衣櫥）必須大改造。

重整一下，建立新的穿搭公式，而這也是穿搭最有趣的地方，同樣的單品，因為搭配，又是全新的樣子。

職場×休閒×特殊場合，定調你的三個生活角色

不知道自己適合什麼造型？如果想找到自己的風格時，我該做什麼？其實妝髮穿搭跟旅行很像，你必須先找到目的地，以終為始，便能畫出從現在到理想穿搭的路徑。

上個月跟老公和兒子，一家三口去了一趟東京，這是我們第一次的親子旅行。出發前排行程的時候一度有點焦慮，上網爬文看半天也沒有一個篤定感說：「對！這就是我想要的行程」於是求助臉書大神。

「大推 Shibuya Sky！」

「東京近郊的江之島，雖然有點遠但很值得。」

「東京代官山的蔦屋書店是創始店，值得一探，前方代官山小坡兩側，好

多時尚服裝店可逛……」

很久沒去東京，朋友們推薦的景點，看起來都很不錯，但到底該怎麼選擇、規劃，好像還是沒有一個方向感。當時除了迪士尼，其他地方好像可有可無，沒有一個必去的地方。

定調生活角色的好處

直到我定調了這次旅行的目的：讓孩子感受外國和外語。

我希望在他有一天開始學外語前，知道外語是有功用的，不只是上課考試。希望他能感受到不同國家的氛圍、人文。講人文好像太嚴重，但小小孩的感官很開，我相信他一定會從中觀察到，與台灣不同之處。

定調後，所有的選擇就清楚了。

那些媽媽想去的美麗的咖啡廳、書店、逛街購物行程都先放到最後。畢竟對孩子來說，台灣和東京的百貨公司感覺起來應該是一樣的意思。

原本難以抉擇要不要去上野動物園，後來查到一個較冷門的荒川遊園地，可以搭陸地上的電車到達，而且遊樂園裡也有動物區可以互動，猜想兒子第一次坐陸上電車的好奇眼神，馬上也就決定了去荒川。

有了想達成的目的，手上的行程不會是最完美的，但會是最適合，並回味無窮的。

「定調」就是先找出方向和目的，來幫助我們做進一步的決定。

當我們在思考穿搭的時候，是不是也常常會陷入焦慮？時尚雜誌或影片看了半天，也沒有一個篤定感：「對，這就是我想要的風格。」

朋友可能會跟你說：「你要化韓妝才顯年輕啊！」

「西裝外套才有專業感，我可以帶你去一家店……」

「圓臉就是要直髮修飾、你不要燙髮比較好。」

「你要先知道自己的風格，才能找到對的衣服。」

「問題就是我不知道我的風格是什麼啊！」Yuri 來上課的時候這麼大喊著。

「沒關係，風格畢竟是比較專業的一環。我們可以先從定調開始。也就是先想想，你的三個生活角色，希望是什麼樣的穿搭方向和目的？」通常從這裡的溝通開始，雖然像是聊天，但已經進入到課程的核心。

定調和定風格有很大的不同，定風格牽涉的細節較多，也需要更專業的判斷來完成。老實說，大部分的人對風格的理解有限，若用風格來學習，很容易又變成拿衣服放在自己身上而已。但對於生活角色的定調，每個人「一定都有」，只差在有沒有整理而已。

「最近剛升主管職，被老闆提醒要穿得更體面一點，但我也不想穿套裝，好像太古板。」Yuri 先講了一個「穿搭要更有專業感」的方向。

她接著說：「尤其平常還是要拜訪客戶，專業之外我還是想保留親切、輕鬆的感覺。」

主管職的專業度，帶有親切輕鬆的態度。這就可以是一個初步的定調。

「那休閒的部分呢？」我接著問。

「小荳老師，我想先請教你，為什麼要把這三個生活角色安排在同一堂課？我在帶衣服的時候有點困惑，休閒的穿搭，有需要像職場穿搭那樣學習嗎？」Yuri的提問，其實又往課程核心邁進了一步。

三個角色，更完整你自己

關於三個生活角色的穿搭定調，我們再用一個例子來想。當歌手出專輯的時候，他會拍MV、上節目宣傳、開演唱會（或新歌發表會），這三個場合，他會穿一樣的衣服、做一樣的妝髮嗎？

基本上是不會。

你可能覺得，「他是明星啊，當然要常常換衣服、妝髮曝光。」

但真正的原因是，這三個場合的方向目的就不一樣。

MV要展現專輯概念（職場）、上節目聊聊天讓大家看到像是私下的樣子，拉近距離（休閒），而演唱會當然就是特定的演出（特殊場合）。

休閒穿搭，也就是不工作的時候，你希望展現出什麼樣子？

「我們又沒有狗仔隊會拍，平常也要在意穿搭嗎？」Yuri笑著說。

除了穿的好看，休閒穿搭定調也跟生活需求息息相關。

例如有新手媽媽說：「過去的裙子都配高跟鞋，但是生了小孩不穿高跟鞋，這些裙子也都束之高閣，有沒有穿球鞋也能搭裙子的辦法？」

於是，他的休閒穿搭定調就是——「裙裝＋球鞋」。

除了用看起來的感覺來定調，直接以單品來定調也是一個方式。最主要就是讓你在思考穿搭的時候，直接有幾個已經設定好的組合，也就是「穿搭加分公式」。

「這樣講我就懂了！像我休閒的時候就不想再穿上班的衣服，但每次逛街好像又都只買了上班的服裝，買到覺得明明常常買衣服，但假日卻又沒衣服想穿。」

對，就是因為沒有先規劃好，隨便穿其實是最困難的，每天都要重新思考一次穿搭啊。

除此之外，定調的時候別忘了彩妝、髮型的部分，應該也需要隨著你的新穿搭而有所調整。一併思考有時候更省事，例如「專業又輕鬆」的定調，後來我們就幫 Yuri 換了一個微捲的中長髮，和珊瑚色的唇膏。

相較於她之前的長捲髮，中長髮顯得俐落許多，珊瑚色口紅也比橘紅色穩重，這樣各方微調的情況下，Yuri 原本的衣服就能完成新的形象。

一起定調你的三個生活角色！

1. 職場 × 休閒 × 特殊場合，以這三個生活角色需求，形容穿搭

想像一下你穿起來的樣子、常穿的單品，或者舒適度的需求等等。別忘了把彩妝、髮型也一併想進去。

2. 找出相近於形容的妝或穿搭圖片

建議是找到完整的穿搭圖，不要是自己拼貼的。因為從完整的穿搭圖中，你可以知道自己的喜好近於哪一個風格，從中學習專業穿搭。或某一個品牌的穿搭是你適合的類型，可以直接去試穿看看。不建議拼貼是因為容易又變成自己的穿搭詮釋，最後又卡在搭配的關卡裡。彩妝一定要實際畫畫看，髮型則是請充分跟髮型師溝通。

3. 試穿、試穿、不停試穿

無論是自己的舊衣重新組合，或是去專櫃試穿，一定要穿上身看看，才確定這個定調是不是適合。

「試穿很累啊！」每當學生這麼說的時候，我就要你回想，跟每天早上不知道要穿什麼的心累，哪一個比較累？

當你的「穿搭加分公式」建立了，之後買衣服在你挑選的當下，已經知道自己適合、需要什麼單品，試穿起來又會輕鬆許多。

最後要提醒一下，很多人會跳過第一個步驟，直接就從找圖片開始。

但這樣很容易就陷入了最初雜誌或影片看了半天，也沒有一個篤定感。請記得「定調」的重要性，再厲害的造型師，也是從你的方向、目的等各種需求開始設計形象。好看的衣服或穿搭很多，但真正適合你的，絕對是因為她符合你的生活需求。

平常好邋遢、特殊場合總是急忙採買服裝？打造你的穿搭加分公式

特殊場合的穿搭，最好是跟你的日常服裝相似，但是看起來更精緻一點的設計。貿然穿一件很厲害但是不熟悉的單品，只會讓自己變成掛上衣服的衣架，而沒有穿出得宜的自在形象。

「參加喜宴不就是要穿粉紅色嗎？」BiBi說粉色小洋裝是為了參加喜宴而買，但因為搭上高跟鞋的千金風格不符合日常穿搭，平常非常少穿，於是帶來課程中，問看看還有沒有別的用途。其實這件洋裝的剪裁非常修飾身型，裙擺的小波浪也很適合她的活潑個性，只是加上高跟鞋的千金風格實在不是她的形象。

反而，BiBi帶來的另一件花卉長洋裝，除了剪裁也很展現身型外，長至腳

踝的裙長，還能突顯她的身高優勢。

「穿這件去喜宴吧！」我說。

「我以為花洋裝只適合穿去渡假？」BiBi接著問。

如果是比較鬆散飄逸的花洋裝，的確較不適合喜宴。但這件的剪裁合身細緻，深藍色系也很有質感，穿去喜宴也沒問題啊！而那件粉色小洋裝，建議BiBi搭個小白鞋，自然率性的樣子，就可以是平常喝喝下午茶，或是約會的好穿搭。

穿出自己的特色，而不是特定顏色

雖說參加喜宴穿粉色算是一個通用的法則，但在開始穿搭前，我常常會問學生：「妳希望在喜宴的穿搭，給人什麼樣的感覺？」

「不要太張揚，但見到老朋友也要很漂亮啊！」

「希望藉由社交場合，有機會認識新朋友」

「即使平常都不穿裙裝，但為了弟弟的喜宴，身為姊姊也是要盛裝出席啊！」

每個人希望透過穿搭要傳達的訊息都不同，先掌握好目標，就不容易隨波逐流。

大萍幾乎就是為了弟弟的喜宴，來上穿搭課的。原本以為會被大改造，有點擔心，還拉著朋友一起來上課。但當她看到小荳老師給的洋裝參考圖、聽完說明之後，竟然直接去買下來。

比日常服裝，更精緻一點的設計

「這根本就是我平常會穿的衣服，只是變成有質感的洋裝。」大萍說。

因為知道她是為了弟弟喜宴的穿搭苦惱著，所以在找參考圖的時候，直接搜尋快時尚的服飾網站，真的喜歡就可以馬上購買。

大萍在來上課前，只穿黑「T-shirt ＋牛仔褲」，這是她唯一的穿搭公式。

課程中問她：「會不會排斥穿裙子？」

「不會啊，也想嘗試過，但穿起來就是怪怪的。」大萍說。

於是在思考她的自在形象時，直接排除那些太浪漫或嬌柔性感的洋裝，從她習慣的 T-shirt 出發。最後找到一件拼接洋裝，上身是純白色棉質 T-shirt，腰間倒V拼接玫瑰金色的緞面材質，延伸成長裙。色系簡單，而緞面的玫瑰金色則非常適合喜宴，有微微的奢華感。

不一定要大紅或者金光閃閃，才能代表主人家。用布料的質感帶出光芒，是簡約系的首選！

從日常穿搭，找出穿搭加分公式

十幾年的穿搭課程裡，見過太多學生那「只穿過一次的戰袍」。的確很美、質感很好，往往還是要價不菲的品牌，接著我會反問學生：「這是妳平常的穿搭風格嗎？」

通常都不是。也就因為這樣，戰袍就只穿那麼一次（或甚至沒穿過），一直高掛在衣櫥裡。

「老師，那我該怎麼知道自己適合什麼樣的穿搭？」

就像大萍的那件洋裝，其實就是從她日常穿搭的延伸。從「T-shirt ＋牛仔褲」，延伸成「T-shirt ＋長裙」，整體感差很多，但其實只是提升了日常穿搭的質感，穿起來的自信和自在無需重新打造。

你也可以從日常穿搭裡找出你的喜好，是「襯衫＋寬裙」嗎？還是窄裙？襯衫是雪紡飄逸的布料，還是硬挺的材質？

就算同是白 T-shirt，你喜歡圓領、V領、還是大U？

穿搭加分公式的意思是，有個固定的穿搭，你穿起來很好看，接著你只需要換換單品，改變一下色系、材質，整體而言你的穿搭就會很豐富，而且不需要天天煩惱。也因為有了穿搭加分公式的架構，你的穿搭會有個一致性，漸漸地產生「形象辨識度」。

回到大萍，除了喜宴造型外，當然也建構了日常的穿搭加分公式。那些她原本就有的牛仔褲都還可以穿，建議她多找一些有設計圖案的黑 T-shirt。單純素色的黑 T-shirt，除非布料材質夠好，不然洗個幾次棉質越穿越舒適的時候，在沒有任何穿搭的情況下，也容易越變越邋遢。若有個設計感的圖案、品牌的小 logo 也好，無論是加了點圖型或顏色，整體的穿搭感就會出色許多。另外，因為服裝上有個重點，也會讓視覺更聚焦，好的服裝設計，在放置圖型、logo 或色塊的時候，其實都有修飾、美化身型的功能。

打造你的穿搭加分公式 Step By Step！

1. 區分出「職場、休閒、特殊場合」三個生活角色，一次只看一個角色的穿搭公式

2. 先從一個生活角色開始，紀錄兩週每天的穿搭

建議紀錄的時候不需要刻意打扮，就保持原本日常的樣子就好，你會發現兩週當中一定有重複的地方，如常常穿的褲型、顏色，或者上衣的細節等等。

3. 回想一下被稱讚過，或者自己很喜歡的穿搭

有沒有哪一套衣服，每次穿出門都被稱讚？是稱讚氣色好（顏色）？還是變瘦變高了（剪裁）？又或者是說很有個性／女人味／年輕……（風格）。再從中整理出幾件王牌的單品來參考。

4. 歸納原本的穿搭公式

職場的穿搭公式最容易開始，因為大部分的人工作環境是固定的，或者面對的客戶族群不會相差太多。至少，你的職位不會每個月變換吧。有了確定的場景（工作地）和角色（職位），大部分的人都會依照工作需求有自己的一套公式。

5. 延伸成穿搭加分公式

當每個人都穿「襯衫＋褲子」作為職場形象，你的襯衫上有細微的條紋設計，或襯衫領型有精緻的蕾絲，那一點點的不同就是你的加分之處。

但千萬不要因為我這麼寫，你們全部去買了條紋襯衫或者蕾絲，你的那一點加分，還是要從自己出發。

再回頭看第2、3點，你常穿的那件褲子，是因為很顯瘦嗎？還是不容易皺？很舒服？

王牌單品是因為顏色、剪裁、還是風格？

你有特別喜歡的色系嗎？

條紋、格子、花卉、幾何圖形……，你偏好哪一種？

只穿素色當然也可以，那麼腰帶、耳環、項鍊、手鍊、戒指，哪一種飾品你可以隨身帶著不會阻礙工作、活動？

若所有飾品對你來說都不習慣，那手錶呢？有沒有可能選一支讓你穿搭加分的手錶？

魔鬼出在細節裡，但好消息是，你只要建立一次，這套穿搭加分公式，用個兩、三年也沒問題，每天都可以超輕鬆的穿出自在形象。

一卡皮箱是衣櫥的縮影——旅行帶給你的造型必備清單

曾經在浩子的《流浪日記》讀到說：「大人的旅行通常是到了目的地才開始，但對小孩來說，從出門的那一刻，就已經是旅行。孩子會從很微小的細節體驗，為很小的事物開心。」

當時我就在想，對我來說，旅行是從什麼時候開始？

打包的不只是衣物，還有對旅行的想像

後來我發現，對我來說，旅行是從打包開始的。

除了查好當地的氣候、準備好足夠天數的衣物外，我會想像著每到一個地方、參與一個體驗時，我想要做什麼樣的打扮。除了拍照起來好看、符合場景，

還要能夠方便當下的行程才是好穿搭。

例如帶著孩子去迪士尼，我少女心想穿蓬裙，有點公主感。一開始拿了一件蓬裙認真地試穿（是的，打包行李我都會重新試穿一次），雖然好看，但老公就在旁邊說：「你確定穿這樣可以玩嗎？」

的確沒錯，蹲下來顧小孩的時候，整件裙擺都會落地，而且玩樂時可能還要一直拉裙子。

順著想要蓬裙、也要夠俐落的想法，讓我想起有一件單層的紗裙，上面有彩色圓點刺繡。視覺上非常符合迪士尼的童話感，也滿足我假裝一日公主的想法。接著老公又在旁邊說：「這件會不會太薄？東京還很冷吶！」

所幸衣服太薄這件事對於穿搭來說，是幼幼班等級的問題，用一條保暖的內搭褲就馬上解決了。再加上一件長版的毛外套，不僅保暖，也做到洋蔥式穿搭，對於在遊樂園裡，一下室內、一下戶外來說，兼具公主泡泡和舒服玩樂雙重功能。

除了服裝，旅行中的妝髮產品打包更是如同皇上選妃般，家中的「口紅山」、「眼影黑洞」、各式髮品，都必須在此刻精選出能夠最快速、好用、又能做出變化的「妝髮戰鬥包」。

我也一樣會依照當地氣候，挑選需要的保養品。例如去日本會特別帶保濕晚安面膜（日本比較乾），去峇里島帶蘆薈亮白面膜（峇里島的太陽比較大），打包的時候彷彿就已經踏入了旅行的當下，思考需求。

彩妝的部分，更是會想像著接下來要去的地方、我會想要畫什麼妝？什麼樣的色系、質地？如果旅行時間較長，才帶著旅行用的洗髮品，而讓髮根蓬鬆的護髮品則是即使出遊住一晚我也會帶上，因為那會直接影響隔天一整天的髮型。

如果你安排的是大約一週的旅行，其實你那打包的一卡皮箱就是你的日常妝髮穿搭精華。你只需要再複製成一個月、甚至半年一年的需求就是你的日常妝髮穿搭了。

用旅行的心情，打包生活穿搭

曾有朋友知道了我的日日好穿搭上課方式後問：「我接觸過的穿搭課是老

師會到家裡做衣櫥健檢，為什麼你的課是請學生帶一卡皮箱的衣服來上課？」

更確切的流程是，在帶衣服來上課前，會先有彩妝、髮型課程，和形象穿搭的討論，快速了解學生的需求和困擾。接著我會再依照這些資訊，幫學生整理一份形象穿搭建議參考圖。往往學生看到形象穿搭建議時會驚訝：「這些衣服我都有，但我從來沒有這樣搭過啊！」「老師你怎麼知道我有這些衣服？」

曾經在定裝工作時，被一位男演員說：「跟小荳討論造型根本就是心理諮商，都把人看透了。」這當然是玩笑，心理諮商是認真的專業，但因為妝髮穿搭很日常、很貼近人，看一個人選擇的物品再加上實際的對談，要能感受到對方的喜好，也應該算是造型師的專業啊。

穿搭課當天，學生依照建議的形象參考圖帶家裡「現有的類似服裝」來上課。有了形象穿搭建議參考圖，學生在選擇的時候，能夠減少不知道要帶什麼來上課的困擾。參考圖裡有依照學生的需求客製分類，選擇上很清楚，也不會都帶一樣的東西。

例如有學生的工作類型較多元，所以光是在職場形象的部分，就區分為

「產品講師、成功經驗分享簡報、喝咖啡銷售」，三種不同穿搭加分公式。

有學生剛成為媽媽，覺得以前漂亮的衣服都不能搭高跟鞋了，問我能不能有新的穿搭方法？於是她的分類會是「洋裝＋球鞋、日常出遊、想特別打扮的場合」三種漂亮媽媽形象。

若沒有特殊需求，大部分的學生會分成「職場形象、假日休閒、特殊場合（如喜宴、上台表演等等）」除此之外，還可以帶「買了不知道該怎麼穿」的單品來上課，常常會發現其實都不是買錯，只是需要一些穿搭技巧而已。

相信你的選擇，常常會有意外驚喜

當學生站在衣櫥前思考要帶什麼來上課的時候，一定會經歷「什麼都想帶」的天人交戰以及最終的篩選。例如好幾件花洋裝，應該帶哪一件呢？兩件黑色的長褲，帶一件去上課就好。

這個篩選的過程其實就已經在選擇，類似的衣服比較常穿哪件？比較喜歡哪款設計？哪一件明明很少穿但是很喜歡，哪一件明明過時了卻捨不得丟。

無論選擇有多艱難，但因為你只有一卡皮箱的空間，必須做出決定。帶來上課之後，實作一些穿搭的組合，會發現「你所做的選擇，都會是對的。」即使是不夠直挺的襯衫，折一下袖口就能變俐落。原本怎麼搭都怪怪的皮裙，其實只是放錯了需求分類。

學生原本把皮裙歸類在休閒，搭的是牛仔外套。但這兩種材質都很鮮明的單品放在一起，像是兩位主角彼此搶戲，形象主題就變得模糊。同一件皮裙其實很適合她的產品講師形象，只是換件白色上衣，讓皮裙成為主角，整體質感一致，氣勢馬上站出來。原本要送進回收箱的裙子，馬上變成形象大加分的單品。

透過形象整理、需求分類、選擇的自信，思考穿搭的時候就能有邏輯、組合的思維，而不是望著衣櫥總覺得少一件。

穿搭，這個「搭」非常重要

搭配除了上下身、包包、飾品、鞋子、妝髮等等要搭，也包含了你的服裝要與場合、身份，還有最重要的，你的身型、五官、個性搭配。

一卡皮箱的用意

所以當我請學生帶著一卡皮箱的衣服來上課，除了也想藉此猜想她衣櫥的內容外，「整理一卡皮箱的主動性」是讓他來上課時就已經做了充足的準備。

每一件拿出來的衣服，他都會有想法。「這件是我工作最常穿的褲子，因為很好穿。想再搭出更專業的感覺。」「這件洋裝很喜歡，但是穿起來總是怪怪的。」「這種顏色不知道怎麼穿啊，當初看到漂亮就買了。」每一件被帶來上課的單品，背後都有主人對她獨有的、貼身的想法——希望被改變。

那個獨有、貼身的想法，必須由學生自己去感受。有了這個過程，穿搭出來的才會是很符合每個人特色的自在形象。打包過程中的自我問答、上課中闡述對衣服的想法，都是在建立你與服裝的關係。未來當你獨自面對穿搭時，不用擔心老師不在身邊，或者還要拿出教科書比對，因為你已經累積了選擇的自信。

即使教科書上說你不適合這個顏色、那個版型，但只要你穿起來開心、總是充滿笑容甚至自信，那麼你的穿搭加分公式，就會有解決顏色和版型的方法。

即使目前還沒有安排旅行，你也可以打包一週的行李看看

1. 會被你挑進行李箱的是哪些單品？

通常這些單品就是你的王牌，好看舒適兼具。往往就會是穿搭加分公式的一員。

2. 那件最特別的衣服是什麼？

是外套嗎？還是洋裝？包包？

每個人想展現自己獨特形象時的選物都不盡相同，如果你只有一卡皮箱，又一定要帶那件獨有的單品，通常會是形象辨識度的指標。

3. 妝髮戰鬥包

如果出國的時候可以用一個戰鬥包裡的產品完成一週的妝和髮型，那麼其實在日常生活中，這樣就很足夠了。

建立形象辨識度，從觀察穿搭細節開始

請跟我想像一下，有一天當你身體不舒服，到醫院掛號、等待、進診間，見到第一次見面的醫生，而他身上穿的是夏威夷花襯衫、卡其色百慕達短褲、夾腳拖鞋，這時你的感受是什麼？這個門診還會想看下去嗎？

還好，這件事情不會發生，因為醫生至少都有醫師袍，無論裡面穿什麼（而且通常不會像我刻意形容的這麼誇張啦），那件醫師袍就是有一種整齊、專業，甚至權威的感覺。而且無論你去哪一間醫院、甚至哪一個國家的醫院，見到穿著醫師袍的醫生，感覺都不會差太多。

像這樣帶有專業形象的服裝，還有廚師、律師、空服員等等。只要穿上制服，馬上知道他們的職業。但這樣還是不夠的，除了有形象，辨識度也非常重要。例如不同航空公司的制服設計就會截然不同，往往代表著公司的精神，也

讓人能夠一眼認出。

「不是穿制服，也可以有形象辨識度嗎？」你或許正這麼想。那再回想一下金馬獎、金曲獎，台上一次眾星雲集的時候，你是不是能光憑衣服就知道每一位明星是誰？

我常常在企業內訓時玩這個遊戲，把幾位女明星的臉擋起來，只露出脖子以下的服裝，讓學員猜猜看是哪位明星，結果通常都會被猜中。

遮掉你的臉，光看妝髮穿搭可以認出你嗎？

「小荳老師你別開玩笑了，我們又不是明星，怎麼可能做到這樣的造型程度！」Chloe 是個社會新鮮人，初入業務職，常常要見客戶，希望自己能擺脫青澀學生樣。她留著一頭黝黑的長直髮、黑框眼鏡，一卡皮箱內幾乎都是休閒的衣服。

「而且老師，我只是希望上班的時候有點樣子，不需要做到明星等級啊，那樣很難吧？」未待我回答，她接著說。

「妳這條項鍊戴很久了嗎？」我指著他胸前的銀色項鍊，墜頭是一個簡單的方形銀飾。

「對啊，大學時期買的，小小的不會太搶眼，好像也很百搭，就一直戴著。」

「那麼如果我把妳戴項鍊的照片臉遮起來，讓妳的大學好友看，妳覺得他們會認出是妳嗎？」

Chloe 眼睛一亮，然後又大笑，「老師你怎麼講的好像認屍一樣啦！」

一條項鍊，也可以是形象辨識度。

因為她跟著你夠久、重複曝光多次，或許因此還成為話題跟朋友聊過。漸漸的大家很習慣妳就是會戴項鍊，哪天忘了戴或許還會被關心。

「但我們又不是明星，辨識度很重要嗎？」

「妳總希望客戶見面後會記得妳，甚至想起你吧！當然專業的範疇很重要，也是基本，若進一步在形象辨識度上給客戶一個視覺印象，甚至在工作之餘（例如只是看到類似的項鍊）就想起妳，是不是個不錯的加分選項呢？」

Chloe 微笑了起來。這是我跟她的初見面，第一堂課就講形象辨識度的確有點挑戰，但是對於想跳脫學生感，給客戶留下專業形象的她來說，「先把自己當成一個咖」是當下最重要的認知。

髮型是最簡單的形象辨識度

講到形象，大部分的人直接就想去買衣服。但你有沒有想過，換一個風格，需要買多少衣服，才能夠天天達成呢？而一個對的髮型，則是可以讓你完全不用買衣服，就改變了一個形象，而且每天不需要思考穿搭，也不用技術上的學習（彩妝就需要一點），只要花一個下午時間擁有形象，每天多睡十分鐘！

以髮型作為形象辨識度，最知名的就是《Vouge》雜誌美國版總編輯安娜・溫圖（Anna Wintour），她也是電影《穿著 Prada 的惡魔》的角色原型。一頭對齊下巴的短髮和剛好遮住眉毛的厚劉海，原本看似可愛的髮型，經由她幾十年來的詮釋，還有了專有名詞「Power Bob」。

Bob，鮑伯頭，最早是五〇年代由英國髮型師維達・沙宣（Vidal

Sassoon）設計的（是的，就是那個洗髮品牌沙宣），正統的鮑伯頭強調圓弧的頭型，以及在臉型邊緣俐落的線條感。讓女性的形象從長髮的輕柔，轉變成短髮俐落、獨立之感。安娜的鮑伯頭髮長較長，少了一點古靈精怪，多了直線條的率性。也因為安娜穿梭在時尚界的鮮明形象，好一陣子女星們也紛紛剪起這帶有 Power 的髮型。

「小荳老師，我一直很想嘗試新髮型，但又擔心自己不會整理。」

於是第二堂課就帶 Chloe 到合作的髮廊，溝通後從黑長直髮，變成了茶色短髮。因為換了髮色，即使沒化妝的時候，也有一定的好氣色。俐落的短髮，立即擺脫了清湯掛麵的學生感。至於整理的部分，我們在第三堂課回到工作室實作時，實際解決了換髮型後遇到的整理難題，和學習日後的維護小撇步。

這樣一步步的改變，大約一週一次的學習頻率，也是我長期教學下來發現最好的方式。大改造那種視覺衝擊，比較適合放在電視節目裡做為娛樂。因為即使體驗過那樣從頭到腳的改變、享受了造型師的打理，但只要不是真的打從心裡清楚自己的需求、累積自己也可以的自信，沒多久就會像灰姑娘打回原型。

我們的確不需要像明星那樣講究造型細節，但在明星造型上，的確有很多簡單易學的方法，這些方法經造型師們研究、明星驗證，很有用。那幹嘛不偷學一點呢？

找尋你的形象辨識度

明星的形象辨識度當然是經過魔鬼般的設計打造過程，但素人如我們，又沒有造型師在旁，該怎麼找到自己的形象辨識度呢？

1. 妝、髮、穿搭，先抓出一項

雖說髮型是最簡單的，但我明白對很多女孩來說，剪個頭髮簡直是要她們的命般困難。這時候一個固定形象的彩妝或者穿搭，當然也是很好的選擇。

一開始不要太貪心，先選擇一項就好。因為一但成為你的「形象辨識度」，就代表必須重複操作、並能夠持續有小變化。如果一下訂太多項目，最後絕對會變成四不像。

2. 從已經有的練習

像是 Chloe 的項鍊，你可能也會有喜歡的服裝色系、常穿的版型。以往都只是因為喜歡而買，現在可以有意識地重複曝光，看看哪一個選項，最足以代表你，會讓你很樂意，當別人看到這個項目（物品、顏色、形狀……）的時候想起你。

3. 刻意安排

最常給出的建議，就是時常需要代表公司的創業者或主管，那就穿上企業形象色吧。這樣的暗示不但傳達了你就是企業的代言人，同時在舞台或會議簡報、活動現場，也容易跟你的背景相合。

俐落形象除了剪頭髮，換一雙鞋，也是很棒的選擇。你可能會覺得「用鞋子作為形象辨識度，也太細微了吧！真的有人會看到嗎？」但鞋子不只是被看到而已，她會影響你走路的姿勢、態度，甚至是氣勢。

想一想什麼樣的鞋子足以代表你這個人？然後起身去店裡試穿看看吧！

3

妝髮穿搭，三點不漏

彩妝

化妝一定要全妝嗎？遮瑕好，氣色好一半

近年來最常被詢問的事情莫過於：「小荳，你覺得我去植睫毛好不好？你有沒有推薦哪一家？」

又或者被客戶直接說：「小荳，我就是想植你現在貼的這樣啊，這麼美，你為什麼不做植睫毛啦？生意一定很好啊！」

做了植睫毛，但你想要的是什麼？

「當然是快啊，我想要不用化妝就可以出門。」Jessice 這麼回我。其實這也是大部分人想要的，不用化妝就可以出門。

「欸，但你現在是有畫全妝所以覺得好看啊，你確定植了睫毛，就可以素顏出門？」

我們要追求的，到底是完妝後的美感，還是只是想表達我也有化妝？

如果你對於有化妝的想法，就像是我們的媽媽、阿姨那輩一樣，「畫個口紅就算是有化妝」的話，植睫毛是不錯的選擇。做完之後的確會讓你的五官有一個亮眼的點。

「你是說單擦一個大紅色口紅那樣嗎？」Jessice盯著我，不可思議的表情。是啊，你想想你的眼睛已經算大了，再植上睫毛，的確會更有精神。但是，如果沒有搭配其他的彩妝，整體看來就像是素顏擦上大紅色口紅那樣啊！

你確定植了睫毛之後，不會讓你反而覺得「必須要化妝」嗎？

「你的意思是說，因為植了睫毛很有眼妝感，所以我會覺得必須也要畫底妝腮紅那些？」Jessice捧著臉接著說「我就是不想天天化妝啊！」

化妝這件事可以是輕鬆愉快的，但常常也是一種壓力。

「化點妝比較有禮貌」是我們常聽到的潛規則，但這其實很有性別標籤，那男生是不是也要化點妝才有禮貌呢？

我比較喜歡的是，用化妝來幫助我們，讓我們可以更輕鬆。

例如我是個個性和長相都很小孩的人，二十歲就開始接明星梳化的時候，真的多虧了妝髮造型的幫忙。技術層面靠本事，但第一印象就是要給人「有經驗」的感覺對吧。

當時真正很資深的梳化師幾乎都不打扮的，圈內人都知其名、他們人站出去就是氣場。而我們這種菜鳥，不打扮的話就是個學生樣，我需要用妝髮造型讓我看起來老練一點、或至少是個社會人士的樣子。

當時的妝感，讓我在工作的時候可以更融入環境一些，至少不會被誤認為是梳化助理。這是我覺得化妝的幫忙。到了後期我也成了不太打扮就去工作的老鳥（尤其是拍電影的時候，睡覺時間都不夠了啊），但是我一定還是會畫點妝，讓自己氣色好一點。即使真的睡眠不足、壓力很大，我還是喜歡精神奕奕地出現在片場，這時的化妝，是我對工作熱愛的表現。

於是學生問：「即使拍片都沒時間睡覺了，你也沒想說去植個睫毛嗎？」

還真是沒有，畫個眼妝只需三分鐘，其實你不會連那三分鐘都沒有。

但如果化妝對你來說是個負擔、甚至是壓力的時候，三秒鐘你都不會想付出。

化妝對你來說，是輕鬆愉快的事，還是必須的負擔壓力？

二〇一六年，拿過十五次葛萊美獎、CD總銷量超過三千萬張的美國女歌手艾莉西亞・凱斯（Alicia Keys），素顏出席MTV音樂錄影帶頒獎典禮。她的素顏主張來自於，如果化妝是一種社會期待或價值，不能有缺陷、不能長得太男孩子氣、總是不夠漂亮……，那麼我們該如何真正愛自己？身為公眾人物的她尤其擔憂，年輕的女孩們，看著這些明星總是頂著大濃妝，是不是漸漸地也被這些價值給綁架？

「我只是選擇不化妝，沒有反對化妝。」艾莉西亞在這一波討論後繼續說明，「化不化妝應該是自己個人的選擇，而不是好像為了上電視就要大濃妝，雖然目前看來這是這類場合的唯一選擇。」

每一次在跟學生討論植睫毛，最終的大哉問都會導向「化妝對你來說是什麼？」如果很想隨時都有眨吧眨吧的長睫毛，那就去吧，睫毛反正會掉，試試看也是好玩的體驗。但如果化妝是想有好氣色，或像我菜鳥時一樣有功能需求，那麼或許你該先好好看看自己，真正要解決的問題是什麼。

「其實你只要遮一下黑眼圈就可以了！」我跟 Jessice 說。

你的眼睛本來就很大很有神了，讓你氣色不好的是黑眼圈。請再想像一下，當你植了睫毛、有了更有神的雙眼，而下面搭配著深深的黑眼圈，你可以忍住不遮嗎？

「好像……沒辦法。」

「對啊，那你不就還是花時間化妝了嗎！」

Jessice 覺得自己好像繞了一圈還是得化妝，沒有省到。但說真的，黑眼圈遮得好，氣色就好一半了。剩下眼妝腮紅口紅，不一定要畫也可以。

如果你是本來天天就會貼假睫毛的人，那麼植睫毛的確可以幫你省時省力。又或者你本來就天天會畫一定程度的妝，有了睫毛也可以省一些眼妝步驟。但如果你是幾乎素顏的人，想要氣色好一點，植睫毛絕對不是首選。

「只遮黑眼圈，不畫其他地方，不會怪怪的嗎？」看來 Jessice 有把我的建議聽進去了。

「欸欸，Jessice，你剛剛還想只有睫毛，不畫其他地方不是嗎？」我們大笑了好一陣子。

懂遮瑕，才是變漂亮的關鍵

一般人很少看到遮瑕有多重要，大多注目在捲翹的睫毛、唇膏的流行色或者閃亮的眼影。

那正是因為遮瑕是個很有心機的技巧，讓女明星、模特兒的膚質彷彿天生美肌般的存在，讓你以為她的膚質天生就是這麼好。

又或者現在大家都會用的美肌軟體，好的一面是在社群媒體上輕鬆就有好膚質，但常常令人擔心的是，真實見面的時候就會「現出原形」。

遮瑕感覺不是「彩妝」，但卻是讓你變漂亮的重要關鍵。

像 Jessice 的例子，很多學生其實五官條件很好，平常上班也不需要畫什麼妝，只要遮一下黑眼圈，或者比較泛紅的肌膚、突然冒出來的痘痘，整個臉就會亮起來。

對初學者來說，最容易入門的方式就是以遮瑕的部位區分遮瑕產品：

1. 黑眼圈

適合用較保濕、滑潤的遮瑕膏，眼周使用的遮瑕要避免突顯細紋，若以橘、黃校色，用量又可以更少。

2. 痘痘

因為痘痘肌比較油，遮痘痘的遮瑕產品就要偏乾一點，才不會一下子就脫妝。善用蜜粉配合定裝，痘痘遮瑕就能更好更持久。

3. 紋路

傳統的化妝會用遮瑕膏來遮，例如法令紋、細紋等處。但現在我們更喜歡在妝前保養時，先用按摩處理，再用妝前提亮產品帶過。

無論是遮黑眼圈、痘痘或者紋路，使用刷具是又快又好的必須品。痘痘是一個立體的半圓，用小刷子才能把半圓球體完美覆蓋，一次遮到位，一整天都美美的喔！

眼影這樣畫最簡單！新手必備的膏狀眼影

「今天的彩妝講座，你只要會用這個產品，那就夠本了，其他忘記都沒關係！」全場大笑，然後又定睛等著接下來小荳老師要說什麼。

「在場的各位，有畫過眼影的請舉手。」通常超過三分之二的學員有畫過眼影。我接著問，「那麼有用過『膏狀眼影』的請繼續舉著手。」大概全場只剩下三至五人還舉著。也就是有畫過眼影的三十至四十人當中，只有三至五人有用過膏狀眼影。而且沒用過的學員，可能都還不知道有這樣的產品。

膏狀眼影，可以解決新手大部分的眼妝問題。

所以過去你認為自己手拙、不會畫眼影、不適合畫眼影、怎麼畫都很怪……，很可能只是因為，你沒有使用膏狀眼影。

從一次失敗的應徵經驗，發現藝人與素人的上妝差異

約莫十幾年前的菜鳥時期，我去應徵電視台的主播梳化代班工作，應徵的

時候就是帶著自己的工具去化一個妝。當時我沒有自帶模特兒，也沒有事先練習，因為同時已經接過很多案子了，心想說就跟平常化妝一樣吧。

到了現場，就直接在電視台的梳化間進行，模特兒是電視台的梳化助理。一開始的底妝、眉毛都很順利，到了眼妝的時候，我怎麼畫，顏色就是看不出來！於是我換了另一個眼影試試，接著再換深色一點的試試……，那位梳化助理看出我的緊張，她還跟我說：「妳慢慢來沒關係，最後有畫好就好。」

寫到這裡我都懷疑了起來，當時是應徵主播梳化沒錯吧？還是我是應徵助理？怎麼會緊張到反被助理安撫心情。後來我也忘了整個妝結束在什麼狀態，試妝後梳化師看了看，又繼續考了我幾個調整眼型的問題，結束那場應徵。

結局當然是我沒有被選上，走出那個當時新建好、設計新穎的電視台時，我感到很落寞，但也因此讓我好好反省了那個眼妝到底出了什麼問題。

平常畫眼妝算是我的強項啊，尤其喜歡不同組合的配色。無論是畫在服裝目錄的模特兒，或是綜藝節目女主持人，她們都很喜歡我畫的眼妝。

曾經有位女主持人下節目後特地來跟我說：「小荳姐，我今天本來心情不是很好，加上被準備的衣服很灰暗，更覺得無精打采。但妳幫我畫了這個眼妝後，我覺得整個人都亮了起來，才又有了工作的動力和自信。」

是啊，我就是看了她的灰色調上衣，才決定可以好好在眼妝發揮色彩的。最擅長眼妝的我，怎麼會在應徵工作的時候敗在眼妝？

後來我整理出了三個重要的原因：

1. 雖然都是眼妝，關鍵大不相同

新聞主播的眼妝重點不在於色彩，而是要非常對稱平衡，使用的顏色也不能太多。

2. 眼型需求因人而異

綜藝節目主持人或者模特兒，比較需要個人或品牌的特色，眼型可以上揚、可以有個性。但主播（尤其是十幾年前的主播），基本上就是一個四平八穩的角色最好。

3. 當時的我只會畫藝人，沒有足夠畫素人的經驗

最後的這一個體悟，也是日後讓我成為妝髮造型老師的關鍵。

素人彩妝使用的產品，要多工又快速看到妝感。藝人的膚質再差、前一天再沒睡好，他們平常的保養、防曬觀念，還是比較足夠。畢竟照顧自己的肌膚，就是他們工作的一部分。

尤其我很幸運地，一入行就接觸到當時最紅的偶像劇、偶像團體、週六晚上的綜藝節目主持人……，這些藝人不是夠年輕就是夠紅，很懂得知道怎麼準備好自己的肌膚。也難怪還很菜就可以畫到這些人，老實說，他們本身的狀態就很好啊。

倒帶回到應徵時的試妝現場，其實梳化助理的肌膚沒有很差，就只是很乾而已。以現在來看，其實只要妝前加強保濕就能解決大半的問題，只是我當時真是太菜、平常畫到的明星自己都照顧得很好。

那眼妝呢？到底出了什麼問題？

梳化助理的眼皮不只是乾，而且還很暗沈。所以當時我的眼影顏色一直覆蓋不上去，顯不出眼影的色澤。

簡單來說，就是底妝的狀態沒有先打理好，後面彩妝的部分也就沒辦法施

展。（所以前篇的遮瑕真的很重要啊，眼周的暗沈完全是會影響眼妝表現）

「老師，所以我們應該要記得保濕、遮瑕不是嗎？為什麼是『膏狀眼影』？」同學的提問把我帶回到現場，不要再反省那個沒應徵上的工作了啊。因為即使你沒有保濕也還是暗沈，只要用了「膏狀眼影」，就可以解決所有問題。

在那次之後我開始在乎素人的肌膚和化妝習慣，老實說你要一般人每天勤加保濕、或者學習很細緻的遮瑕，除非本來就對彩妝感興趣，不然最後就是寧願全部放棄，早早睡還比較實在。

「什麼樣的產品或步驟，可以讓眼妝更簡單呢？」從素人的角度出發，能越快達成效果，就讓他們越有動力繼續畫下去。對於新手來說，如果畫好眼影得要先完成底妝的細節，可能會太沒有成就感，再加上有時候膚況會因為生理期等環境因素變來變去。

「濕濕黏黏的膏狀眼影，就是能把眼影粉黏在眼皮上。一來讓妳的眼影比較持久，二來是更顯色。」再加上小荳老師求職失利的故事，大家更記得膏狀眼影的必要性！

我還想分享幾個挑選膏狀眼影的小撇步：

1. 完全初學者建議選金莎色或膚色

金莎或膚色能修飾暗沈，並搭配任何眼影的顏色。

2. 高手可以單擦

依照喜好，選擇玫瑰色、古銅色，甚至藍色、紫色的膏狀眼影都有品牌推出。這時候你也可以單擦膏狀眼影就好，成色很自然，也適合戶外活動的時候，不容易脫妝。

3. 用無名指指腹上妝即可

因為膏狀眼影屬於濕濕黏黏的質地，用指腹能夠上的最均勻，也不會因為用刷子或海綿，帶走過多產品，讓膏狀眼影太吃妝的話，也就少了黏住眼影粉、顯色的效果了。

打造零失敗口紅——與腮紅一起配對的最快速彩妝法

四歲兒子的保姆在聯絡簿上寫說：「今天用不同顏色的三角形、圓形、方形，請小羽跟著我一起拼成熱帶魚。小羽不但拼出魚的樣子，還會留意到配色喔。」這已經不是第一次，保母提到兒子會留意配色。之前過年畫春聯，保姆也寫說兒子用色下筆的時候，會考慮顏色配置。

身為妝髮造型師的新手媽媽，覺得非常開心還帶點驕傲，是正常的吧。但其實我從來沒有「教」兒子怎麼配色，只是從他很小的時候，為了好玩、有時候也是自問，會在幫他穿好衣服的時候說：「這樣有配嗎？」其實我指的也不只是顏色，但就是找話亂聊。再大一點的時候（可能也就是一歲多），我會跟他說：「今天媽媽穿粉紅，你穿紫色，我們好配啊！」

到了兩歲多他滿會說話的時候，已經會跟爸爸爭論：「這樣不配啦！」其實可能只是他不想穿那件衣服，但他已經知道這是跟爸媽的溝通方式，以及知道他有選擇的權利。

配色有沒有正確答案？

曾經有次專業班的課程，學生 Mika 很認真的問我說：「老師，請問畫煙燻妝的時候，應該配哪一個色號的口紅？」

「蛤？」我真的「蛤」出聲音來，因為當下很驚訝（其實有點失禮）。

「我們以前上課的時候，老師都會一一寫下眼影、腮紅、口紅的色號啊。」Mika 是美容美髮科畢業的學生，但因為之前在學校學的內容是教科書版本，真正面臨接案時還是有落差，於是來百意上專業班。

Mika 很瘦、標準長直髮，工作了一段時間仍保有學生青澀的模樣，她來上課的時候我就跟她說，過去在學校的學習或許不夠實務，但一定還是有用的。

「不需要歸零，而是我們一起好好整理。」話才剛落下不久，這位老師卻失禮的「蛤」了好大一聲。

「那時我們就是用這些色盤，每一個顏色都有編號，所以每一個妝就都依照編號的顏色來畫。」她顯然不在意我的驚訝，繼續很認真的說明。

其實關於眼妝畫好了要配什麼顏色的腮紅、口紅，也不只是Mika有疑問而已，幾乎是每一個學生都會遇到的困擾。大部分學生就是跟著明星、網紅，看哪一個顏色流行好看就跟著買，卻常常買到手又沒有使用，一問之下聽到的回答都是：

「畫起來不知道哪裡怪怪的……」

「這顏色跟影片看起來不一樣！」

「老師，是不是我的唇太厚了，怎麼畫都很妖豔，所以其實不適合畫口紅？」

是的就這樣，一支口紅可以摧毀一個人對自己唇型的自信。不是啊，太妖豔你就不能換個顏色嗎？

「我通常不管色號，甚至很多時候我會用兩支口紅來調色，沒有色號可言。」回答她的時候，她的眼神裡又充滿疑惑，接著她問：「那這樣怎麼知道用哪一個顏色是『對』的？」

「Got it！」就是這句話。

接著我說：「學校的考試，或許配色有對錯可言。但在美感的世界裡，配色沒有對錯，只有在你的這個設計裡，這些顏色的組合是不是你要的？」

設計思考＋經驗累積，配色美感自然成型

我知道這樣的討論有點太燒腦，於是我們就繼續化妝。拿著她的色盤，開始想像這個煙燻妝，搭配上每一個唇色的感覺。不能想像的就直接畫上去看看。

「其實煙燻妝可以搭配的唇色，滿多的耶！」Mika開心地說，並試著分類「搭紅色很性感、但如果像我搭橘色，個性一點比較適合。」

「搭粉紅有種搖滾又娃娃感的衝突、搭裸色顯得很神秘……」她欲罷不能的跟我分享，這個從學校就在使用的色盤，在她手中好像突然變全新了一樣，有了截然不同的使用方式。

「現在你知道剛剛問我要配『哪一個色號』，有多難回答了吧。」我有點

得意，因為知道她已經完全融會貫通，之後不需要再討論色號了。

就像跟四歲的兒子講配色，其實我比較喜歡或希望他培養出對顏色的感覺和自信。我不會跟他說對錯，但當然會有我對配色的想法，然後也常常被他推翻：「我覺得這樣配可以啊。」（用一種臭男孩不想再花時間換衣服的口氣）

不管他有沒有照我建議的穿，這樣開放的討論，以及把配色當作一回事，顯然已經成功注入他的小腦袋——而這就是我想要的結果。

對專業班的學生也是一樣的，我希望學生有一套自己的配色方式，不一定都跟我一樣，畢竟未來他們都是獨當一面的妝髮師，會有自己的設計風格。而這一切的開頭，就是從突破框架、勇於嘗試開始，累積屬於自己的美感設計。

「小荳老師，那像我們一般上班族，該怎麼選口紅啊？」Mika帶來當模特兒的朋友忍不住開口問了。什麼顏色都可以，對於一般人來說的確廣泛的太可怕，也確實面對非專業班，初級彩妝班的學生，我是不會如此這般考驗大家的。

好氣色唇彩 Step by Step！

當我們不是要設計出一個什麼時尚妝感，就是求個快速好氣色的時候，我想分享三個簡單的做法：

1. 把口紅和腮紅配對

最直接、粗暴的配色法就是橘色腮紅配橘色口紅、粉紅腮紅配粉紅口紅，這樣就不會有問題了。

再細緻一點，用色系去思考，比較桃紅色系的，可能涵蓋了桃紅、粉紅、紫紅……，都可以當作一家族互相搭配。

簡單來說，不要用顏色差異很大的腮紅和口紅，基本上妝感的配色就會協調許多。

2. 口紅顏色要與上衣色系相合

再以橘色、粉色作為例子，假設你今天穿了粉紅色的上衣，擦上粉色系的口紅就沒錯了！

如果擔心同色系會顯得很平、很單一，只要留意深淺色的落差。口紅的粉比上衣的粉深一點，整體配色的層次感就顯現出來了。

3. 口紅也可以當腮紅

這是旅行時的輕便懶人法，當然也可以應用在日常生活中。直接用指腹輕點一些口紅在臉頰上，創造淡淡的紅潤好氣色，再用同一支口紅上唇。這樣的配色絕對萬無一失，又能創造同色系的層次感。當然在顏色的選擇上，就要以能當作腮紅的顏色為主，但土色、紫紅色口紅請不要輕易嘗試啊！

髮型

不管什麼髮型，告別扁塌才是關鍵

「沒有醜女人，只有懶女人」這句話你一定聽過。更常常在美妝雜誌、造型書裡被當作金句激勵讀者，你就是要花時間做妝髮穿搭才漂亮。但我現在想跟你說的是，**「懶，才是創造出好方法、養成好習慣的起點！」**，懶女人明明就可以很漂亮！你多久弄一次頭髮？

「我現在每個月都得去補染頭髮，勤勞一點才不會讓白髮露出來。」聚會的時候 Nancy 這麼說。

「我是每天都要吹頭髮啊，這樣髮尾才不會翹起來。」Fin 附和了這個話題，並轉頭看向我：「欸，你多久弄一次頭髮啊？」

「我……我……我半年弄一次。」顯然我是三人裡面最不勤勞的，而且我必須老實說，我也是三人當中頭髮最毛躁的。

「半年？那你出門前呢？你會捲一下頭髮嗎？」Fin 接著問。

「完全不會啊，撥一撥就出門了。」

雖說講起來好像輕鬆得意，但其實也不是天生麗質。我的頭髮很細軟、髮量少還有點自然捲，如果沒設計過的話，就是很容易扁塌，而且容易毛躁亂翹。尤其我的後腦勺很扁，如果留最單純的長直髮，簡直沒有頭型可言。

以前高中時期，我真的是會吹一吹瀏海和髮尾才出門的女孩。但反而是工作愈久，工作長期都在做妝髮之後，就愈懶得在每天出門前做自己的髮型。

「等一下我可能要做十顆頭，現在少一顆是一顆啊。」

剪過極短的男生頭、留過大波浪長髮，染過很淺的、由金到深黑透藍調的髮色，試過各種髮型髮色後我發現，無論哪一種髮型，蓬度都是最關鍵的。即使有白髮、毛躁亂翹、髮色褪色……，但是有了蓬度，自然就有頭型。頭髮的蓬度會讓你的臉型看起來小一些；而有個圓弧的頭型，則是讓髮型像是剛整理好那樣有精神。

所以有個時期，市面上很流行「燙髮根」，就是這個原因。燙了髮根就是增加蓬度，讓髮型更鮮明。只是，燙髮根又是一個必須無止境調整的事，試想想，當燙過的髮根變長了，那個蓬度變成在一個中段的位置，頭型就不是那個順順的弧度，你就必須再跑一趟髮廊。對於連在家多做一個髮型都懶的我來說，多跑一趟髮廊更不是首選。

再懶也願意做的「吹髮術」

二〇一二年接了電影《阿嬤的夢中情人》的梳化工作時，電影有髮妝品牌的贊助，製片請品牌方直接跟我接洽，看需要使用哪些產品。在電影結束後，因為幾次跟品牌行銷聯繫建立了合作默契，品牌主動說要贊助百意。

那是百意第一次有品牌的固定贊助，而且內容完全不輸贊助電影的規格，簡直受寵若驚。收到這樣的好意，我也想好好回饋品牌，即使當時合約載明，百意只需要每季附上幾張使用的工作照即可，甚至並沒有特別要求要在自媒體曝光。我想了想，最好的回饋除了用在影視藝人的工作外，讓學生認識、使用這個品牌，或許是更直接的。

於是除了影視工作會用到的造型髮品，我也開始用一些日常保養、方便一般人簡單造型使用的產品。期間主動詢問品牌行銷每一個新品的特色，後來品牌直接為百意開了一個課程，我們一行八位百意造型師，在品牌的教學大樓裡好好學習了各支產品的使用方式，還有學到品牌講師的私人配方。

也就是在那堂課之後，我對於髮型的建構有了更多元、完整的想法。以前做影視造型，求快、求效果，比較會運用的都是造型品，像是髮蠟、慕斯、定型液等等。但在品牌課程當中，因為他們服務的對象大多是一般人，於是更仔細地透過老師的經驗，知道對一般人來說好用、簡單的產品組合是哪些，可以做到的髮型程度到哪裡。

融合了那堂課以及之後開始教日常髮型課的經驗（在那之前只教專業髮型），歸納出現在學生最愛、也覺得最立即有效、馬上就學會，重點是「再懶也願意做」的一招——逆吹髮根。

逆吹髮根三步驟

1. 洗完頭，用毛巾吸水到不滴水的程度。

2. 擦上一點會維持髮根蓬鬆的產品。

3. 逆著髮根的方向，吹乾頭髮，吹全乾。

吹全乾尤其重要，很多人擔心吹全乾會毛躁，常常只吹半乾就好。但其實，當你的頭髮只有半乾的時候，無論你是繼續坐著看電視或去睡覺，半乾的頭髮被壓到，反而會讓頭髮毛躁亂翹。

在步驟2的時候擦上保養又能微塑形的產品，就像我們臉上也會擦保濕產品一樣，讓頭髮獲得保養後，就不擔心吹全乾的傷害。吹了全乾的頭髮，就比較不容易因為壓到而變形。

有了這樣洗完頭之後的「逆吹髮根」，隔天早上髮型自然有蓬度，頭型也不會差到哪去。因為洗完頭的吹風是人人必須，你反正就是要把頭髮吹乾，多一個逆吹的選擇，不會多花時間力氣，卻讓你隔天的髮型更好，幾乎沒有學生會覺得麻煩。

懶，是創造出好方法、養成好習慣的起點

後來又一次聚會，Nancy 把髮色染淺了，「設計師說，這樣就不用白頭髮一長出來就要去補染。因為我實在覺得太常去好累啊。」

Fin 把頭髮剪得更短了，「這樣髮尾不會因為碰到肩膀而亂翹，我終於不用每天要吹髮尾了。」她說。至於我相較之下的毛躁，老實說我自己並不在意，尤其現在我都會燙捲，讓髮型蓬度再更明顯（也就是我更不用擔心扁塌）。捲捲的頭髮有些毛毛的Q感，我還滿喜歡的，除非是要上鏡頭會顯得雜亂，才會特別處理。懶，絕對是創造出好方法、養成好習慣的起點啊。

如果不是因為懶得跑髮廊、懶得天天吹髮尾，又或者像我根本懶得每天幫自己做髮型，那麼這些好方法就不會被想出來。

「小荳老師，自從我洗完頭好好吹頭髮之後，真的早上都不太需要整理了。」我知道啊，因為我就是最懶的那個。在我的工作箱裡至少有十把梳子，工作桌上也大概十把，可以稱作「梳子富翁」的我，平常自己梳頭髮的次數，一隻手就數得出來。

懶女人靠方法，省下來的時間力氣可以用在其他有趣的事情，以旅行來說，你總不會希望出門前還要花一小時打扮吧？這一小時已經能去到更遠的地方，好好玩樂一番。

找對髮型設計師前，你需要看清自己的習慣

「每次去髮廊做完頭髮，當下就是這個髮型最好看的一刻了，回到家自己洗完，永遠都跟在髮廊不一樣啊！」

「帶著髮型圖片去跟設計師溝通，剪出來都是另一個髮型……」

「明明就照設計師說的做，為什麼捲度還是亂七八糟？」

你也有過上述沮喪的換髮型經驗嗎？除了與設計師溝通不良，總是無法維持新髮型，還有其他原因嗎？

在百意的形象課程裡，百分之九十五的學生，被帶到髮廊、由我們協助與設計師溝通後的換髮經驗都是很好的，甚至不少同學在課程結束後，仍持續回到髮廊找同一位設計師，自己溝通。但仍有那百分之五的經驗（嚴格說起來就是十幾年來有一位學生），在換髮之後非常不適應、不開心。

那次也是我親自帶她去跟設計師溝通，離開之前到換髮型當天結束後，都沒問題，她還開心地回訊息告知我完成了。但就在隔天中午，我收到她的訊息

寫說：「小荳老師，我今天起床後，整個髮型都走樣了。去到公司，同事都說我怎麼會燙了一個歐巴桑頭。我覺得好沮喪、怎麼會花了這麼多錢，讓自己變得更老氣……」

看到訊息我立刻從床上坐起來（是的，那是我還會熬夜到早上、睡到中午才起床的年代啊），直接電話跟她聯繫：「昨天完成後，妳不是還很開心嗎？今天髮型怎麼了？」

她重複了訊息裡的內容，說同事都說像歐巴桑，但講不出髮型怎麼了。

「就是跟昨天不一樣！」

我提醒她：「課程還沒結束啊，妳下週來上課，就會教妳整理頭髮的方式，應該就沒問題了。」

睡了一夜，美夢變惡夢

你一定也有換髮型後，不知如何整理的階段吧！

畢竟在髮廊剛做好頭髮，一定都是最完美的。剛燙完的頭髮依然不毛躁、剛染的髮色閃亮亮，就算是變動最小的修髮尾，也一定是在髮廊時其順無比，回到家隔天就開始亂翹。

但你又不可能為此再跑一次髮廊，於是就這樣，最好看的一刻總是留在剛做好髮型的那天。知道大家的困擾，因此，百意形象課的設計，會在換髮型之後，還有一堂學習自己整理新髮型的課。

「老師，但是我等不到下禮拜了，我今天一整天都覺得心情很差，剩下的課我也不想上了，我可以退費嗎？」聽得出來這個新髮型帶給他很大的困擾，但我仍不放棄的說：「課程已經進行超過一半，其實是無法退費的。還是我們把下週的課提前？」

接著她從不開心，變成非常不開心。對話的走向已經語帶威脅，當時好像還不流行粉專負評，但也差不多是那個意思，從討論髮型變成開始批評百意的課程……。

最後我跟她說我了解她的感受，但請讓我想一下怎麼處理，然後會馬上回覆她。

掛了電話後，立即打電話去髮廊了解狀況，設計師也有點錯愕：「昨天離開的時候很開心啊！」，但設計師也快速一起解決問題，說可以讓她回去把頭髮燙直，完全免費，而且今天下班後就可以過去，多晚都等她。

我很快地通知學生這個最立即解決困擾的方法，但沒想到她拒絕了。而且說她願意下週再回來上課。

到了下一週，她來上課的時候，我心裡先按耐著電話中那些被批評的尷尬，當然還有被誤解的不開心，照一般上課的方式進行。不過即便我上課的氣氛還是歡樂的，那天空氣裡難免就還是有些疙瘩。

最後的一堂課，是將穿搭和前兩堂學的妝髮結合。在搭配完一套套穿搭加分公式後，進入到妝髮的環節，她先破解了疙瘩說：「小荳老師，還好我今天有來。妳剛剛建議的每一套穿搭，我都好喜歡。還好我有來上這堂課。但是妳看我的頭髮，就是這樣捲翹得亂七八糟，比我之前還難看。」

一個小動作，髮型就會很不一樣

我們坐到了鏡子前，教她用手把燙過捲度的髮尾，往同一個方向扭轉。有點像是有些人在想事情的時候，會不自覺捲髮尾那樣。這個動作零技術，但是會讓捲度朝同一個方向順，效果立現。

「就是這樣，那天的捲度就是這種感覺，但是睡一覺起來，就全部亂翹了。」

詢問之下才發現，原來這是她人生第一次燙頭髮，對於處理捲髮的經驗是零。設計師那天在吹整的時候有提到這個手法，但她沒想到只是睡一覺醒來、根本沒洗過頭，也需要用這樣的手法整理髮型。

那次課程結束後，她還又特地傳訊息給我，再次說還好她有來上最後一堂課。

原來在我說讓我想一下怎麼處理、打電話聯繫髮廊的期間，她也冷靜了下來。想想當初報名這堂課的期待，決定要再相信我一次。

這個經驗也給了我深刻的學習，顯然我在第一堂溝通需求的時候，問的還不夠多、不夠仔細，怎麼會沒有問到「她是人生第一次嘗試燙髮」。在那之後除了問換髮型的經驗，還會詢問一些小習慣：

能不能接受瀏海？

會不會不自覺就往側邊撥？

可以接受有點小毛髮落在耳前嗎？

還是一定要梳的乾淨利落？

會不會習慣把頭髮扎耳後？

在詢問這些問題的同時，很多同學也恍然大悟：「難怪每次我的瀏海只能維持一星期。」

在韓星空氣瀏海正當紅的階段，好幾位學生明明來上彩妝課，但都忍不住求救：「老師妳可以幫我看一下我的瀏海嗎？」一看之下往往就是原本設計好的髮流歪了，空氣瀏海變成條碼頭，一豎一豎，毫無浪漫可言。

「沒有特別打扮的時候，我會用髮夾夾住啊，不然好心煩。」

就說女明星都是有人打理的啊，空氣瀏海不是人人都可行。雖說條碼頭不是沒救，噴個水重新吹整就回到浪漫線條，只是你的習慣就容不下瀏海的時候，別再找自己和頭髮麻煩了吧！

與髮型設計師溝通前需要知道的「眉眉角角」

除了瀏海，耳前的小毛髮，你會不會在頭髮碰到肩膀的時候，就一定要綁起馬尾？

如果是的話，那麼也請拋開那些看起來俐落時尚的中長髮吧！中長髮的長度就是有時會卡肩，不在意的話其實也有一番率性，但若一直被綁起，那麼中長髮的設計就毫無意義啊。

跟設計師溝通髮型時，最好可以——

1. 告訴他你平常整理頭髮的習慣

從吹乾頭髮、有沒有用髮品、晚上洗頭還是早上洗頭，到幾天洗一次頭、不能接受的頭髮狀況等等，鉅細彌遺，說明越仔細越好。

2. 不要只拿一張照片就打板定案

建議先詢問設計師自己的各方條件，適不適合照片中的髮型？會需要做哪些調整？可能會有哪些不同之處？

要先明白，我們本來就不是照片中的那個人，參考設計師依照經驗的判斷一定更好。但反過來，若是設計師直接拿一張照片就要做……，建議你那次還是洗個頭就好。

3. 髮型完成後，請他整理的時候放慢速度

那些在設計師手下輕鬆撥弄的幾秒鐘，往往是整理髮型的關鍵。設計師畢竟不是老師，並不是每一位都會把你教到會。但我相信客戶虛心求教，他們一定會很樂意讓你維持好他們的作品。

除了綁馬尾，你還可以這樣做

大部分的人想到「做髮型很難」，腦中出現的畫面都是那些明星、模特兒的照片。這樣當然很難啊，你應該不會在第一次下廚時，就想做個滿漢全席那種大廚料理吧？煮個滿漢全席的泡麵還差不多。如果你在一開始煮東西的時候，是煮泡麵、煎個蛋，或是完成下水餃這種不容易失敗的半成品，那麼當你在面對髮型的時候，也就是一模一樣的方法。

Anna 是個偏鄉的小學老師，她來上了一期的彩妝課後，馬上續報了一期髮型課。在這八堂課的時間裡，我們聊著聊，才發現她來上課不全是為了自己。

「現在的小朋友，都對妝髮很有興趣，她們會主動來跟我討論化妝。我自己不太化妝啊，都要被問倒了，就想說來上課，回去也能跟他們分享。」你沒有看錯，她是小學老師，現在的小學生已經在談論彩妝了啊！另一方面，學校也有一些小朋友是隔代教養，生活學習也很需要學校照顧。Anna 說有時候看不過去，會在學校教小朋友洗頭髮。接著當然也會教她們整理自己的頭髮，「但我綁來綁去就只有馬尾，想說來學一下，回去能幫她們換換髮型。」

教學近二十年，有不少媽媽來上課的時候，會想順便學個編髮回去幫小孩綁。但小學老師來、要幫學生綁的，還真是第一次。而且她不是說說而已，第一堂髮型課上完，馬上就收到他幫學生綁頭髮的照片。

當做髮型像是煮泡麵

煮泡麵之所以好入門，除了有現成的醬料、麵體可以丟到滾水就完成，最重要的原因還是因為煮泡麵可以「想加什麼就加什麼」，可以從單純泡麵，再加菜加料變成很豐富的一餐。髮型其實也是一樣的意思，同樣綁一個馬尾，你只要把單純的馬尾編上辮子、稍微不規則的拉鬆，就是現在韓團女生常用的髮型。這個辮子繞著馬尾一圈，又可以變成可愛俐落的包包頭。

你看到的那些好看髮型，其實常常就是簡單的技巧堆疊而來的。成果或許看起來很難、不好上手，但其實你只要從第一步做起——綁馬尾。接著，就是像煎蛋一樣，同一顆蛋你可以煎成荷包蛋、半熟蛋，也可以乾脆攪一攪變炒蛋。

同樣綁馬尾，綁在後腦勺中間，就是最一般的綁法。

想像女團一樣青春洋溢，那就綁在接近頭頂、高一點的位置；想展現優雅氣質，那就綁一個靠近脖子的低馬尾。不需要增強任何技術，只需要調整一下位置，就有不同的髮型。

「那下水餃呢！髮型界的『水餃』是什麼？」Anna已經笑歪，急著想聽小荳老師還要胡扯什麼。

水餃啊，就是各種髮飾。只要你會綁馬尾，把橡皮筋換成蝴蝶結啊、閃亮亮的髮飾啊，又或者是能修飾頭型的布花，那麼完成一個好髮型，就像只要會滾水就會煮水餃一樣容易了。

萬事起頭不難，只要一個好想法

我的學生裡面，不少是繁忙的職業媽媽，不但在工作上追求成長、對孩子親力親為，也從未停止自己對學習的渴望和動力。面對這樣的學生，我想的不是教他們更多的技巧，而是希望他們能很快地將自己其他的能力，融會貫通在妝髮學習上，而烹飪往往是個很好的溝通方式。當這個看似胡扯的泡麵理論一上桌，學生們通常是笑開懷，然後馬上懂了什麼。

「小荳老師，網路上有很多示範髮型的影片，以前看都覺得簡直在變魔術。但是當你拆解了髮型，就像煮泡麵加料一樣的時候，突然就看懂了。很多髮型的基礎都是一樣的，只是這次加點辮子、下次變成扭轉……做出不同的變化，就變成完全不一樣的髮型。」沒錯啊！當初我就是這樣自學的。

我從小就很愛綁頭髮，小學的時候，跟著媽媽到樓下波菲爾洗頭，並期待洗完頭之後被設計師綁頭髮。當時店裡的十號阿姨，可以說是我的髮型啟蒙老師。她的眼睛大大的圓滾滾、聲音甜甜的，有點像當時正紅的潘迎紫（是的，阿姨和我的年齡層已透露），我對她的崇拜，從顧客變成主動去當小幫手。

才小學，十歲左右的我，因為常常光顧，所以跟整家店（甚至老闆）都很熟。於是在假日的時候，我和鄰居兩人會一起去找十號阿姨綁頭髮，當阿姨在幫鄰居綁的時候，我就在旁邊看、遞夾子。後來甚至我們已經做完了也不離開，就跟著十號阿姨去下一個客人的位置。

於是我也在一旁看了十號阿姨幫不同的顧客設計髮型，當時很厲害的一個設計，是她會用好幾個黑色髮夾，夾成一個菱形，再塗上浪子膏，把亮片黏上去，就這樣自製了一個閃亮亮的髮飾。而每一次我跟鄰居去，她也都會用各色、不同大小的緞帶，綁出許多不一樣的造型。

小學的週末，除了去當小幫手（現在想想希望沒有打擾到店家），還會自己關在房間裡、練習十號阿姨幫我綁的髮型。那時候沒有手機可以錄影，我就是靠一次次的肉眼觀察、一次次的閉門練習，完成了一個個的髮型。

小時候的學習，比較像是我們學母語，看多了、練習多了也就會了。直到開始教學，才去拆解步驟，想辦法用好消化的方式建構髮型，讓學生不但學會複製，也要能自己設計髮型。

很多想當新婚祕書的學生，連最基本的三股辮都不會綁，甚至馬尾也只會綁好，遑論變化型。每個學生都會很擔心地問：「老師，我這樣真的可以做包頭嗎？我連辮子都綁不好啊！」原先會解釋髮型的基礎，又或者每次上課來點激勵，但畢竟專業班的課程時間長，又是在一整天上班後、累個半死繼續進修另一個專業，說真的要感到洩氣是非常容易。後來慢慢發展出泡麵理論，這個一聽就明白的比喻，雖然看似胡扯，但有煮過泡麵就知道，真的沒有想像中的那麼難。

三招讓你的馬尾從此不無聊

1. 綁完馬尾，加個辮子

除了最基本的三股辮，你還可以嘗試魚骨辮、麻花辮，或者用橡皮筋綁出一球一球的造型。這些都是操作容易，看起來也很時尚的變化型。

2. 改變馬尾的高度

如果想看起來青春洋溢，馬尾位置綁在最高處。如果想呈現運動率性風格，就可以綁中間。如果想走氣質優雅路線，就綁低馬尾。

3. 加個髮飾超簡單

特別提醒，如果你的頭型很扁，那麼蓬蓬鬆鬆、偏大的髮飾，就有修飾頭型的效果。如果頭髮很多很重，粗一點的髮束綁起來紮實又不會頭皮痛。

穿搭

來不及變瘦？教你三招顯瘦小撇步

前面提過，剛生完小孩的那陣子，因為衣櫥裡沒有「媽媽角色」的分類，每天都在衣櫥前吶喊沒有衣服可以穿。

但其實在為新的生活角色整理衣櫥前，我也不是馬上就能找到解決方法。我也先是經過內心崩潰、甚至想放棄自我的過程。那最後，我是怎麼找到適合自己的穿搭呢？

原本以為生完孩子就是會變胖嘛，衣服買大號一點就是了，有什麼大不了！殊不知生完孩後的身型，完全變成另一個人。

例如，一直都是小胸圍的我，產後持續餵母乳的關係，擁有了人生四十年來最豐滿的時刻（苦笑），更別提其他變胖的部位，光是胸圍變大，我的衣服穿起來就都不是原本的樣子。

小胸圍的我，一般在選擇上衣顏色、設計的時候，可以很自在地選很亮的顏色以及複雜的花樣設計，甚至會選可以放大視覺效果的圖形。好了，現在這些設計完全變成豐滿上圍的穿搭難題。那些複雜的花樣，現在穿在上身直接變形，原本流利的線條變得歪歪扭扭。亮色甚至帶點金屬點綴的搖滾風，現在全成了吊掛在衣服上的不知所云。看到這裡你一定跟我一樣，想說，這勢必得買衣服了吧！

接著我就問自己，那我要買什麼衣服呢？

腦袋竟然一點頭緒都沒有，其中還參雜著情緒「妳身為造型師、還是老師，妳怎麼會沒有頭緒！」那陣子每隔幾小時餵奶、洗屁屁、哄睡，工作日雖把孩子送去保母家，但面對鏡子中疲憊不堪的自己時，哪還有什麼穿搭想法。

從穿起來好看的衣服找解方

然而，這個情緒倒提醒了，身為媽媽的我無法解決的現況，但小荳老師可以啊。於是那天下午，我像是人格分裂般的，為自己上了一堂「日日好穿搭」

課。

首先問自己：「近期覺得穿起來好看、舒服的穿搭是什麼？」

「一件淺藍色碎花上衣，領口是一個大V領、袖子有點像蝴蝶袖蓬蓬的，襯衫的材質所以衣型是很挺的。深V的露背綁帶設計，除了可以微調衣服大小，微微露背也讓造型帶點性感、有趣。」

我穿著她去百意上課、去企業上課、去幫入圍金鐘獎的導演化妝，甚至連假日出遊也穿這件，什麼三個生活角色穿搭，當時的我只想穿這一件衣服。

「好，那就從這一件衣服來找原因，可以抓到三個重點。」小荳老師盤算著——

1. V領
2. 偏硬挺的材質
3. 修飾到需求的設計

V領可以顯得俐落、也能修飾圓臉。這是學造型時，教科書裡最基本的一環。所以相對來說，如果臉型比較尖、看起來比較兇的五官，U領就是比較好的選擇。

我的衣櫥裡百分之九十都是U領，而那件淺藍色上衣是懷孕的時候買的，也難怪當時就那件最適合。

有穿搭，就不用只靠一件衣服來解決所有問題

那該怎麼辦呢？難道還要再去重新買V領的衣服嗎？

「想想看衣櫥裡原有的衣服，有哪些可以達到相同效果？」

1. 襯衫

一來襯衫本來就是比較硬挺的材質。

二來，當你把襯衫打開兩顆釦的時候，她其實就是個V領了。

2. 項鍊

項鍊長度大概到胸口位置，這樣無論你的項鍊墜是大是小，項鍊本身就是會拉出一個V型的線條。

3. 外罩衫

即便原本的上衣是圓領的，但是只要再搭上外罩衫，扣一顆扣子產生V型，又或者都不扣，讓正面看的時候有一個I字在身型中央，都是修飾身型的基本方法。

特別提醒，因為外罩衫的功能就是產生視覺上的V領或I字，所以顏色選擇上，一定要與內搭的衣服深淺對比。如果內外都是同色系，就會完全看不出刻意設計的線條。

解決了V領、挑出硬挺的材質沒問題，「修飾到需求的設計」總該可以去買了吧？

我以前不太買蝴蝶袖的衣服啊（覺得太浪漫了）。以當時的我來說，必須被修飾的需求就是手臂、肚子，和豐滿的上圍（這是整個上半身的意思嗎？）好慘啊！

「我們來冷靜細想，一一破解。」小荳老師再次主控。

1. 手臂修飾

挑袖子較長較寬鬆的上衣，或是將長袖往上折。

很多學生在這一項都會問：「我乾脆穿長袖就好了啊！為什麼還要折？」

因為「露出相對細的手腕，會顯瘦啊！」

2. 肚子修飾

衣型硬挺且直筒。很多人會乾脆就穿傘狀的上衣，想說這樣就看不見肚子。但其實傘狀會讓肚子看起來更大，更向外擴張。好的選擇是「有點合又不要太合」的版型，讓肚子那區看起來就是直挺挺的，寬一點沒關係，但簡潔俐落，就不會反成為焦點。

3. 豐滿的上圍

等一下，這應該是優點啊。為什麼要修飾呢？

於是我挖出一些大V、大U領，過去可能都要搭小可愛才能撐得起的洋裝，現在單穿都剛剛好。原本覺得顯胖的胸型，搭上本來必須找對場合，穿起來小性感的洋裝，那陣子我穿起來反倒變成合身自在，再搭個小白鞋就能穿出門開會、聚餐。

重新統整了需求和現況後，衣櫥裡的衣服，看起來都跟過去不一樣了。同樣一件衣服，以前可能因為花色好看而買，現在再看一眼，她的袖子比較寬、胸前的線條俐落，從純粹喜歡變成帶有功能，其實我們的衣櫥絕對都深藏不漏啊！

顯瘦的關鍵是，不需要變成過去的自己，而是穿出現在最美的樣子。

「妳不是最常跟妳的學生說，胖瘦都好看嗎？怎麼妳自己胖了就覺得都不好看了？」麻吉一針見血，簡直要拆小荳老師的台。

對啊！難道自己的胖才是胖嗎？

為什麼我現在就是覺得怎麼穿都不好看、都沒有對的衣服。

「因為當下，我對每一件衣服的印象，是過去我穿這件衣服的樣子。」所以怎麼看都不順眼，很正常。

那個下午，當我告訴自己，現在就來上一堂「日日好穿搭」課的時候，就像平常上課，小荳老師看著同學們帶來的衣服，是沒有任何預設的，是比較中性的在看衣服本身，如何在主人身上發會最好的效果。

當我看著同學，我不知道他過去的身型如何、也不會對他的身型有任何評價，就只是想著怎麼把優點突顯出來。而當我同樣用這樣的方式看自己的時候，衣櫥裡的衣服像是回到服飾店裡的架上，她們本來就可以被穿出各種樣子，不是只有我過去穿起來的型態。

如果你也正深陷身型改變的困擾，不要急著買衣服，不妨一起透過這三個方式，重新看待衣櫥裡的「寶貝」。

1. 從穿起來好看的衣服找解方

2. 用穿搭取代一件衣服的功能

3. 穿出現在最美的樣子

複製穿搭加分公式，每天多睡十分鐘！

前面提過「形象辨識度」的概念，可以先從彩妝、髮型、服裝穿搭，三項當中擇一開始。換個髮型是個很方便的做法，而穿搭加分公式則會讓你的辨識度更具體、更有變化。

辨識度，以往大多用在藝人、歌手上。如果你看過選秀節目，就會常聽到評審們說：「他的聲音或長相有辨識度。」藝人、歌手，如果能在第一時間被辨認出來，進一步被記得，那絕對是無可取代的加分。

除了「人」本來的特色，「作品」也會需要辨識度。例如歌手出專輯的「打歌服」、「主打歌」，無論是同一套服裝或者同一首歌重複出現，背後的目的都是要強化你對這個人或作品的記憶點，有了辨識度，漸漸就會產生信任。

「那麼個人的辨識度，到底要做到什麼程度呢？」Janerfer 在外商公司上班，平常除了拜訪客戶、會議，新的專案讓她需要到台灣各地演講。穿搭對她來說，從原本只是穿搭得宜、好看，變成「代表公司形象」的任務。

「雖說要有企業形象、有主管的樣子，但我還是希望穿出輕鬆、簡單一點啊，不然公事已經變多了，還要花時間煩惱穿搭，真是太痛苦了！」Janerfer說著她的需求。

「重複」就是力量

無論是打歌服或主打歌，靠的就是不斷地重複，產生洗腦的效果（即使你想忘都忘不掉）。所謂個人辨識度，其實也不過就是善用重複，而且其實每個人都已經做到這點了。

「有嗎？但我不覺得自己有形象可言啊！」Janerfer從煩惱的表情變成懷疑，或者是說充滿好奇。

「其實從你過去穿搭的照片看來，是有很多重複的穿著。例如寬褲、偏粉色的衣服、銀色飾品……」

「對欸，但其實寬褲是因為，買了一件舒服的，所以就乾脆多買幾件包色（同一款衣服的全部其他顏色）。不過小荳老師，我記得你說過不要包色，我一直以為這樣的選擇是錯的？」

「包色的誤區在於，很多人包色買了之後，其實常常穿的還是同一色，所以我才會不建議包色，買最喜歡以及適合的就好。但如果是配角，買包色卻是好的，因為是配角，用同款不同色可以當作形象辨識度，而且好看又方便。而妳的寬褲，包了灰色、藍色、米色，很明顯就是要擔任『穿搭配角』的選擇，以及是符合相同工作環境、舒適的需求。這樣除了穿搭時方便，也達到了辨識度，其實是很聰明的做法。」回答完這題，Janerfer 漸漸感受到自己的穿搭，不需要從零開始。

「所以寬褲，也可以是妳的形象辨識度。」

「就這樣？」Janerfer 有點不敢相信。

「下次看電視節目，妳仔細地看一下節目主持人的服裝，其實大概也就是這樣『換湯不換藥』。」

若以西裝外套為辨識度，你就會看到主持人每集穿著不同顏色、印花的西裝外套。也有主持人固定會帶圍巾、絲巾做為主打，又或者一定是穿短褲、短裙露出漂亮的長腿。**單品的重複，加深了你對這個人的認識。**西裝外套一般來說就是有個專業感、柔柔的絲巾有親和力，長腿則不是每個人都有的個人特色。

運用設計好的辨識度，無論是重複出現的各色西裝外套、各類型絲巾，或不同的短裙短褲，只要重複的夠刻意、夠一致，讓人記得，那麼這樣的單品就可以列入你的「穿搭加分公式」。

建立你的穿搭加分公式

除了將原本就已經有的「單品」重複，「顏色」、「鞋包飾品」也是很容易從原本的服飾中，整理出來的穿搭加分公式。

「你原本就有的同色系上衣、褲子，只要像是成套的穿搭起來，站在台上就會有基本的氣勢。」

「這樣不會太無聊嗎？我以為穿搭就是要有一些顏色的搭配？」

「同色系搭配，也是一種顏色搭配啊。」我像是繞口令般地說出這句話，講完我們都大笑出聲。

Janerfer 有許多帶粉色的衣服，粉藍、粉紅、米白，滿符合她溫柔的個性和聲音。平常跟他灰色、藍色的褲子搭配起來，好看沒問題，就是少了點氣勢。

但同一件米白色的上衣，其實只要換上米白色的褲子，不但有氣勢，若是日後漸漸出現全身粉色、灰色、淺藍色，像是主打歌不斷重複的「穿搭加分公式」也就形成了。除了全身同色系的設計，也可以幫自己找一個主打的顏色或色系，若是有企業形象需求，企業色就是很好的參考。

「假想一下妳今天要參加 **SK-II** 的保養品記者會，你會穿什麼顏色？或者你明天要出席最新 **iPhone** 上市的發表活動呢？」每次問學生這個問題，答案絕對不會錯。這也是企業形象色深植人心的好例子。除了企業色，活動主題、顏色屬性，或者「你想帶給人的感受」，都是在選擇「主打色」時很好的參考。

「例如你參加一個海洋音樂祭，第一個想到的顏色是什麼？」

「藍色，但是大家都穿藍色的話，還有個人辨識度嗎？」

「沒錯！所以可能有人會穿藍色小可愛、洋裝、或直接就是牛仔褲。而你所選擇的藍色單品，和穿搭組合，在這個時候就會『為你發聲』。」

就像過去幫SK-II代言或出席記者會的女明星很多，她們一定都是穿著紅色或白色，但每一個人選擇的單品、穿搭一定不同。剛剛提到主持人的絲巾，就是配件的選擇。假設你總是穿靴子，或者細跟高跟鞋，總是帶珍珠飾品，或像我有個朋友總是戴著各種形狀、顏色的鏡框，這些也都是很有個人辨識度的穿搭加分公式。

設計你的主打歌

「小荳老師，我開始感到眼花撩亂了。目前我知道的是，用現有的單品、透過顏色搭配，再加上鞋包飾品後，可以有辨識度。但感覺是牽一髮動全身，我真的可以每天輕鬆穿搭出門就有形象嗎？該怎麼建立屬於我的穿搭加分公式？」

知道技巧並不難之後，最重要的是，你要先決定「你想給別人什麼印象？」

單品、顏色、鞋包配件，你的穿搭主角會是哪一個？

你覺得穿不同顏色的同款單品比較簡單（例如有不同顏色的襯衫），還是不同單品、同樣顏色更輕鬆？（例如有藍色系的襯衫、藍色系的西裝外套、藍色系的寬褲、窄褲、長裙）又或者用一致的鞋包配件？

一起打開衣櫥檢視一下吧！

1. 先選擇一項作為主角，整理出穿搭加分公式

你是同樣單品多，還是同樣顏色多？

例如 Janerfer 已經有同樣顏色的上衣（不同款式、布料）、褲子（寬的、窄的、不同長度的），那麼先用顏色作為辨識度，會是第一步的穿搭加分公式。過了半年，她再度來上課，希望能做一點改變。這次我們就直接去百貨公司上陪購實戰課，在賣場直接從「如何挑選適合自己的單品？」開始。一樣是寬褲，最後買了暗橘色、亮黃色，不失溫柔的氣質，但氣場絕對比米色強大許多。

2. 三點不動一點動

假設你的穿搭加分公式是：「白襯衫＋寬褲＋平底鞋＋工作包」，那麼每次只要換一個項目就好。

例如 Janerfer 在第二次上課時，把原本米色的寬褲，換成了橘色、黃色。這時候不需要去試穿橘色、黃色的窄管褲，變動太多只會讓你的辨識度模糊了焦點。又或者你只需要換不同白襯衫，可能是領子的大小不同、襯衫上的繡花不同，小小的變化其實在整體穿搭上，就會很有感。

3. 款式、顏色、鞋包配件

從這三個大項目來做調整，就不會覺得穿搭很複雜。

覺得自己穿什麼款式好看，就去找同樣款式，但不同顏色、設計、布花，就能讓穿搭的豐富感提升。同樣的，好看的顏色、鞋包配件，也都微調後，穿搭的整體感就會漸漸成形。

三招穿搭配色法，用現有服飾創造穿搭完整度

「為什麼我的穿搭總是敗在顏色搭配？」

「皮膚黑千萬別穿『這兩種顏色』的衣服！」

「一張圖解決你上衣和下身顏色困擾。」

當我在 Google 搜尋「穿搭配色困擾」的時候，這幾個大標經常出現在搜尋結果最上面，的確非常吸引人，不過點進去看了圖文後，我突然明白了學生曾經的哀嚎：「我都照做了，但還是看起來怪怪的啊……」。

其實並不是這些圖文有問題，尤其那種一張圖解決顏色困擾的整理，在我看來是非常有用且強大的，但是，越是能夠簡化成一張圖的資訊，就必定是一個簡單的通則。我們隨便一件衣服的細節，絕對都比圖上的衣服、褲子示意圖還要繁複。顏色在不同布料上呈現出的質感，完全不是單靠電腦畫面就可以完整呈現的，要單靠印刷簡圖上的顏色搭配來思考穿搭顏色，從畫面顏色轉化到實際服飾色彩的過程，對於一般人來說是有難度的。

通則就當作一個基本參考就好，而不是使用手冊。無論是網路上的圖文或者是特地去測自己的膚色屬性，能有一個參考當然還是可以幫助你在茫茫色彩海裡抓到浮木。但如果想優遊自在地使用顏色，還是得靠自己不斷地嘗試和練習。

討論穿搭的最後一篇，我們就直接進入「色彩海」實作吧！

同色系、同色調，最安全不敗的配色入門

「同色系」一詞應該不難理解，同樣是藍色，可以細分成深藍、淺藍、海軍藍、土耳其藍，如果你覺得名詞太多太複雜，可以簡單想成藍色系。

至於「同色調」，你可以想像一下水彩，原本擠出來一點正紅色、正藍色顏料，顏色是很鮮豔的，加了水之後，顏色開始漸漸變淡。換句話說，假設我們可以很精準的控制顏料和水的比例相同，那麼相同比例的淡紅色、淡藍色，就會是同色調。前幾年很流行的「莫蘭迪色」就是同色調的一種。莫蘭迪色當中有藍、有紫、有粉紅，但不管什麼顏色，都帶有灰色調在裡面。所以即使把

綠色和粉色，這兩種幾乎對比的顏色放在一起，也會因為同樣是莫蘭迪色調，而變得非常和諧。因此，現在就打開衣櫥看一眼吧！你的衣櫥裡，佔最多的單品是什麼顏色或色系？

有沒有相同的色調呢？看起來都是鮮豔的或者帶粉色？灰色調的？

用對配色1＋1，為你的穿搭畫龍點睛

很多人在用色的卡關點，就是不知道該怎麼搭配。

「這件紅裙子很好看，但我不知道該怎麼配上衣！」

「不想總是穿藍白灰，但到底該從什麼顏色開始嘗試呢？」

「鞋子也要同色系色調嗎？這樣要幾雙鞋才夠？」

這時候我都會請學生拿出自己的包包，倒出包包裡的東西。

「蛤？全部嗎？」同學們一臉莫名，卻又帶點期待「現在是搜查包包小物的環節嗎？」

大家七嘴八舌，一邊把包包裡的東西放桌上。桌上五顏六色，完全沒有配

色的問題。有桃紅色化妝包，上面的英文字 logo 是金色的。小碎花布包，底色是很淺的青草綠，碎花有粉藍、粉黃，加上一些鮮豔的橘紅點綴。各種造型顏色的行動電源、耳機盒。每個人的手機殼也都不一樣，有素色全黑的、迪士尼圖案的、奶茶色的、金鍊的……

「不知道怎麼配色的時候，就參考自己包包裡的小物吧！」小荳老師揭開這個小遊戲的謎底。

「我怎麼可能穿小碎花啊！」帶著小碎花布包的同學說。

「即使不會穿小碎花的樣式，也可以參考顏色組合啊。不然你怎麼會買這個包、還帶在身上？」

「我覺得這個布包很療癒，背起來很悠閒」她邊拿著小碎花布包邊端倪著。

「這樣的悠閒色調，是你會想嘗試的嗎？」

「會啊，但是我不知道怎麼搭配……」

好的，再度讓我等到這句話。於是像串通好一般，我會很順地接著說「那就用配色1＋1吧！」

當你想嘗試新的顏色，卻不知道怎麼詮釋的時候，讓這個顏色出現在兩個地方，整體的協調感就會提升許多。例如你想試紅裙子，無論你是搭配黑白色或粉色上衣，只要擦上紅色口紅，或者戴一個紅色的髮飾、耳環，讓紅色裙子有個呼應，整個穿搭就有了完整度。

同樣的，如果時常需要臨時接待客戶，卻不想天天都正裝的時候，可以在辦公室擺上同色系的「西裝外套＋皮鞋」。即使剛好那天是穿洋裝，因為有上下呼應的配色，造型也不會顯得突兀。

除了兩個單品，配色1＋1的其一，也可以是條紋襯衫中，其中一個條紋的顏色。衣服上logo的顏色，甚至鈕扣的顏色。

想像一下，一件帶有金色扣子的白色襯衫，如果搭上黑色套裝可能變得俗氣，但若配上卡其色，金色扣子就會被卡其色襯托出亮點。

如果你買了一件有很多顏色設計的衣服，下半身直接從衣服上直接找出相同的顏色，配色1＋1，就是最簡單輕鬆，又一定成功的做法！

深淺皆備，你就能兼容並蓄

當你擁有自己的穿搭加分公式，搭配好整套從頭到腳的配色、覺得萬無一失的時候，接下來的場景可能你也不陌生。

「到了活動場合，發現自己身上的顏色與背景相同，幾乎變成保護色快消失了。」

「要參加戶外婚禮，發現以往適合在婚宴廳裡的戰袍完全派不上用場！」

「平常代表自己形象的顏色，剛好是客戶對手的企業色……」

想提醒你的是，你可以只有一套穿搭加分公式、只用一個顏色代表自己，但請務必「深淺皆備」。

一個好的穿搭加分公式，整套換成別的色系絕對沒問題。又或者，原本淺色的上衣、外套，要能夠也換成深色的上衣、外套。不特別說要什麼顏色，而是有深有淺，是因為只要運用深淺，就能避免大部分的問題。去自己沒看過的活動場合，多帶一件外套（或者圍巾），是個聰明的做法。

想想你今天站在台上進行經驗分享，結果身上的水藍色，剛好跟背板的水藍圖案結合，遠看像是只有一顆頭在浮動……。這時候如果有件深色外套或圍巾，台上的你就會被突顯出來。深淺皆備是你準備服裝時的必須，也可以是出席場合時，讓自己有改變空間的準備。

不妨運用以下三點，用現有服飾創造穿搭完整度吧！

1. 同色系色調

2. 配色1＋1

3. 深淺皆備

至於鞋子到底該怎麼配色？需要幾雙呢？最簡單的做法就是依照深淺皆備，根據自己常用色系準備一深一淺，或者乾脆就是一黑一白。依照當天全身的色系深淺來搭配鞋子，讓鞋子擔任最佳配角，就不會錯了。

造型設計

一起建立自在形象吧！

西班牙電影《佈局》（*Contratiempo*），是一個我常在自在形象課中舉的例子。故事描述一位執業三十年從未敗訴的女律師，如何打破億萬企業家的心房，挖出真相、找出讓企業家脫罪的辦法。電影的開場就直接進入了犯罪現場，飯店房間，一個被殺死的女性，和被重擊昏迷後醒來的企業家。人是企業家殺的嗎？還是另有兇手？

一部懸疑片到底跟「自在形象」有什麼關係呢？

就在我們認為罪犯已經水落石出、這部電影高潮迭起進入尾聲的時候，一頭俐落白髮、暗紅色口紅，穿著黑色套裝的女律師走出企業家的家，說要下樓透透氣。但觀眾跟著她的腳步，並未在樓下停止，而是一路穿越了馬路……

「叮咚」企業家的門鈴響，門打開也是一頭俐落白髮，暗紅色口紅，但穿著湖水綠軟泥布料的女性說：「多里亞先生嗎？我是維吉尼雅・古德曼。」

一個多小時的電影，到了最後一分鐘，「真正的」女律師才出現。也就是說，前面那位穿著黑色套裝、主宰了整部片節奏、套出企業家真相的，是冒牌女律師。

「這部電影值得你好好品嘗，故事細節就不多說了，但也很抱歉，這部電影的最大高潮被我破梗了。」

回到講座現場，這時候學員們通常已經舉手投票過，自己心中覺得「執業三十年從未敗訴的女律師」應該是穿著黑色套裝的，還是穿著湖水綠的那位。

從這幾年來在講座中的舉手投票結果，多少也顯示出每一場學員在思考形象時的角度。

當然大多數都是投給「黑色套裝」，而且多半佔了九成比例。有些班全場就那一、二位勇者，「逆風」選擇湖水綠女士。但也有那麼幾場，學員意見各半，支持湖水綠的學員們說：「她看起來『感覺』比較有自信！」

這個「感覺」，從何而來呢？

當你感到自在，自信就油然而生

看到電影的最後一分鐘，我震驚程度、下巴合不起來的樣子，跟男主角多里亞先生有得比。不敢相信竟然被冒牌女律師騙了一整部電影而沒發現，「注意細節」，冒牌女律師在電影裡不斷提起的這句話，其實已經不停地在暗示。

這麼簡單、明顯的細節，我竟然都沒發現！執業三十年從未敗訴的女律師，誰還會穿著全身黑色的套裝啦，那明明是菜鳥面試的標準服啊。

反觀正牌女律師，湖水綠軟泥布料上衣、卡其色圍巾別上一個帶珍珠的胸針，看似溫和無害的色系和柔軟。

「當你真的有自信、在業界有名聲的時候，不需要時時刻刻用衣服武裝。專業的人即使穿睡衣工作都還是很有風采啊！」

大家笑了，當然知道穿睡衣只是誇飾，但透過這部電影的例子，「自在形象」的定調也就直接鮮明起來了，學員們知道這堂課所要分享的專業形象，不只是看起來像專業人士而已，還要能打從心裡感到自在、產生自信。

你的自在形象策略是什麼？

自在形象當然不是要你真的穿日常中很自在的衣服去上班，而是要在專業形象的設定裡，加入讓你感到自在的元素，我稱作自在形象策略。

《佈局》裡正牌女律師的自在形象策略，或許是用高質感的服飾配件，展現自己的身價品味；用湖水綠透露輕鬆柔軟的態度。畢竟她身經百戰了，不需要一副戰戰兢兢的樣子。

蘋果公司前執行長賈伯斯，在發表會中永遠的黑高領上衣配牛仔褲，看起來俐落、極簡、生活感，這幾個形容詞也是完全代表了蘋果這個品牌。

第二章提過的《Vouge》雜誌美國版總編輯安娜．溫圖，她的招牌髮型也絕對是自在形象策略。少女感十足的 Bob 頭型，加上永遠對齊下巴，那一公分都不馬乎的長度，都不用開口說話，就能感覺到她的氣場。

無論是柔軟的布料色系、簡單的黑上衣牛仔褲，或者俐落的短髮，都是要讓人在專業裡看到「個人特色」。那麼，何不把你的自在點，直接變成個人特色呢？

我在剛開始接企業內訓時，也曾經穿著全身黑，或者西裝外套上場。

但畢竟我是造型師，一開始就有形象辨識度、自在形象策略的概念，於是會在全身黑的穿搭中，加上桃紅色的大型項鍊。又或者卡其色的西裝外套裡，是帶著碎花的襯衫。

現在回頭看，其實我一直都試圖讓自己和所謂全身黑的專業形象有所區別。

除了想擁有小荳老師的形象辨識度，也因為我個子小，如果穿全身黑走在企業班的教室裡，學員也大都穿黑色、深色服裝時，我簡直就是融在其中、不容易被看到（尤其我上課時都會四處走動、跟學員互動，不是一直站在台上）。

幾年來嘗試了不同的穿搭，最後漸漸成形的就是近期的「阿花襯衫＋素色寬褲＋厚底鞋」的穿搭加分公式。這個自在形象策略有我想給人多色彩、活潑生動的個性（也是我私底下喜歡穿得五顏六色的本性）、有走動時會自帶氣場的寬褲，搭配厚底鞋增加高度卻不失我上一整天課的舒適度。

最初我也是會穿高跟鞋上課的，但隨著課變多、工作性質變廣，有時候上午去幫藝人化妝下午去教課，我就從帶鞋子換，慢慢找到了適合舒適的厚底鞋，不但方便又成了形象特色。

「從你的日常穿搭喜好、需求開始著手思考，有哪些是可以放到自在形象策略中的？」

每日保養彩妝、半年髮型、一至兩年更新穿搭加分公式

既然是要不斷重複、讓人產生辨識度的形象，雖然在建立形象時需要花一點時間、功夫，但好消息是，如果設定好自在形象策略，接下來至少一至兩年，就只要依照穿搭加分公式稍微部分更新就好，完全不需要再煩惱妝髮穿搭。

維持好膚質，保養是要天天做的，就像你要天天洗澡一樣，別再想有什麼能夠速成的方式了。彩妝當然是需要化妝的那天再畫即可，不用每天畫，但畢竟到了晚上就要卸妝，隔天需要彩妝就是重新開始，所以保養彩妝的維繫，是

以日計算。

髮型若是依照第三章的做法，半年進髮廊維護或改變一次就很足夠了。若你每天都在為髮型苦惱、甚至每次出門前還需要吹整、電棒，那就表示你尚未找到最適合的自在形象策略。

穿搭加分公式應該隨著你的生活角色而變動，通常你不會每一年換工作、升遷或者大幅度改變興趣、體型，所以一至兩年更新一次就很足夠。

三個生活角色變化型

學會快速彩妝、找到適合能維持半年的髮型、整理出穿搭加分公式後，實行一段時間再回頭看一次三個生活角色，有哪些是需要調整優化的部分，第一次的設計未必會是最好的。可以延續執行的內容，必定是不斷地試錯後改進而來，請不要在一開始就輕易放棄啊！

定期回顧角色，滾動調整穿搭加分公式

前面提過，在菜鳥時期試過全身黑之後，我就不再把全身黑當作專業形象。工作一段時間，已經有阿花形象辨識度之後，更是不需要黑色單品，打開衣櫥，黑色的能見度相當低。

告別了全黑穿搭多年，直到參加「她渴望 SheAspire」公益彩妝活動。「她渴望 SheAspire」每年都為遭遇特殊境遇的婦女們，舉辦一場公益彩妝，在活動中婦女們不但可以拿到一套彩妝物資，還能學習如何幫自己化妝。「她渴望

SheAspire」對於參與講師的教學風格、教具沒有任何要求，但因為所有工作人員來自全台各地，請大家穿黑色服裝以方便識別。

二〇一七年，第一次參與活動時，我還特地去買了一件黑色連身褲。這是當時最快速方便的選項，因為連身褲一次就把上下身搞定。尤其多年沒有全黑穿搭的我，實在也不想買個上半身回去後，發現跟已有的黑褲不合。

「全黑穿搭看似簡單還顯瘦，但其實因為沒有花紋、顏色聚焦（或者說轉移注意力），其實更容易讓身型缺點畢露。」當時跟我一起去買衣服的荳姊，不敢相信我沒有全黑的穿搭，於是邊挑邊跟她說明著。

挑的那件連身褲是萊卡的，材質硬挺、布料本身帶一點亮度，加上我當時的短髮，即使全身黑也是維持俐落活潑的形象。刻意穿了桃紅色楔型鞋，給全身黑一個造型重點外，也是我在眾多彩妝講師中的形象辨識度。後來每年持續參與「她渴望SheAspire」公益彩妝，從一年一場到有一年參與了九場，除了不可能場場都去買一次衣服外，有的場次去到高雄、屏東，對象是銀髮族和直接在木地板的兒童遊戲室教媽媽們化妝，全身黑的穿搭必須有更多種可能。於是同一個公益彩妝活動、全身黑穿搭、講師角色，也延伸出了三種因對象、場地不同的穿搭加分公式。

你說的黑是什麼黑

連身褲算是一個比較有氣場、偏正式的選擇。作為工作服非常方便，出門前不用思考搭配，反正就一件穿上。對於小個子的我來說，上下身延伸的顏色或花樣，都有助於拉長身型。連身褲本來就是我工作時的穿搭加分公式，當時就是三點不動一點動，買一件全黑就搞定。但這件連身褲如果要在夏天穿去高雄、屏東，就會是一場災難。尤其是兒童遊戲室要脫鞋子，那雙代表形象辨識度的桃紅楔型鞋只能放在門外，換個全身黑的穿搭加分公式絕對是必須的。

於是帶有細節的「黑色上衣＋黑色皺摺寬褲＋黑色厚底鞋」，是第二套產生的穿搭加分公式。尤其「黑色皺摺寬褲＋黑色厚底鞋」，直接變成固定配角，任何場合只要換個上衣，都可以穿。其中「帶有細節的黑色上衣」就是這組公式的辨識重點。在銀髮族的那場，我搭配的是胸前戴有點編織、簍空細節設計的雪紡上衣，袖子帶著輕柔的垂墜度，在教學的時候會跟著我的手勢舞動。

面對平均年齡七十歲的婆婆媽媽們，我想讓她們感受到我也是盛裝出席、很重視這次的教學。果然她們每位都穿的漂漂亮亮、像是要去參加喜宴般穿的金光閃閃來上課。那天無論是涼快的雪紡上衣、輕薄的皺褶寬褲，或厚底鞋都讓我工作得很舒服，但又不失正式感。

當天活動結束後我們就前往屏東，準備隔天在兒童遊戲室的場次。

第二天「帶有細節的黑色上衣」是有點童趣又神秘感的太空圖案黑色T-shirt。從前一天的微正式，變成很符合場地的輕鬆。這樣對服裝設定的概念，其實是從做戲劇造型的經驗而來。

一個造型的成功與否，不僅是服裝穿搭而已，絕對和相對應的場景、人物（角色）設定、故事或事件……都有關係。今天再好看的衣服，跟場景不搭就是變成突兀。接著幾年，「帶有細節的黑色上衣」也出現過前短後長公式，同樣前短後長的設計，有腰間抓摺的設計款、有微微透明感的黑色襯衫，或是後長直接像傘狀圓裙的單品。

這些一步步的進化，都是先抓到了一個點之後的延伸。例如，我發現前短後長其實就像是連身褲一樣，有拉長身型的效果，但卻能換個上衣就有變化，日後就會特別留意這樣的款式。

全黑的第三個穿搭加分公式是洋裝，我自己都有點意外。

一般來說工作的時候我是不穿洋裝的，但就是一年九場公益彩妝活動的那年，我實在變不出花樣了，又很想跳戰自己的全黑穿搭，有一次在熟悉的場地時，就穿了全黑的洋裝，然後發現效果意外的好。效果不是因為洋裝多好看，而是洋裝所帶給人的氛圍。比起俐落的褲裝，洋裝會讓人感到親近許多。無論是學生或者現場第一次見面的志工，都因為這個親近感，而更主動跟我說話。不過我目前也還是在很少數的工作場域才會選擇洋裝，畢竟裙子的方便度就是有差。那幾次是因為很熟悉「她渴望 SheAspire」的活動和場地，或者有時候在洋裝裡加上 Legging，也是很棒的變化。

多了洋裝這個選項後，我穿過帶流蘇線條的、有骷髗頭印花帥氣街頭感的、有襯衫領的，整體來說，若穿洋裝就會選擇較個性的設計，以平衡洋裝本身的輕柔，畢竟去教課還是要有氣場是吧。

穿出無限變化的加分公式

同樣是公益彩妝講師的身份，三個角色設定最終其實也是符合職場×休閒×特殊場合。

職場：黑色連身褲＋辨識度鞋

我本來的職場形象就有連身褲，只是從多色阿花換成全黑。這個自在形象策略定案後，我共有三件不同設計的黑色連身褲。除了桃紅楔型鞋，還搭過藍綠色厚底鞋、多色高筒帆布鞋等。

休閒：帶有細節的黑色上衣＋黑色寬褲＋黑色厚底鞋

這組也是本來職場形象的延伸，只是通常上衣是搭阿花襯衫。但在公益彩妝的場合裡，換成較休閒的雪紡或T-shirt。黑色寬褲我有輕薄的也有厚棉保暖的，即使寒流來也可以在寬褲裡加上保暖褲。

特殊場合：個性黑色洋裝

其實當初不是為了什麼特殊場合而設定，純粹是想挑戰全黑穿搭不一樣的可能。結果到了我懷孕的時候，這個穿搭加分公式完全符合。

懷孕的那年我一樣參與了不少場次，孕初期沒差，中期就穿寬鬆的黑色連身吊帶褲、或是下身改穿黑色孕婦褲，中後期肚子變大後就穿洋裝。這個因為好玩（以及工作方便）而產生的全身黑穿搭加分公式，意外的讓我懷孕工作時，完全沒有穿搭問題。

即使是原本很陌生、覺得不是我優勢的全黑穿搭，因為能從原本的穿搭加分公式，三點不動一點動而慢慢走出一條路。自在形象策略也不需改變，本篇完全沒提到的妝髮，是依照原本的方式執行。畢竟公益彩妝只是我眾多工作中的一項，找出適合的黑色單品、其他不需太多更動的方法，才是能夠持續輕鬆執行的重要關鍵。很多學生在詢問課程的時候，除了擔心是不是會被大改造？要買很多衣服？也會以為是不是喜歡素色穿搭的話，就不適合、不需要穿搭加分方式？

我相信「她渴望 SheAspire」的 dress code 初衷只是要讓學員辨識工作人員比較方便而已，但卻因此讓我發展出對我來說原本陌生、後來方便運用的全黑穿搭。在每一次遇到喜歡素色的學生時，也能有實際經驗分享。無論你是喜歡什麼顏色、風格、有圖樣還是素T，都可以運用穿搭加分公式，讓出門前更輕鬆。

享受角色轉換的療癒時光

每天早上叫醒我的，不是鬧鐘、也不是夢想，而是孩子。

現在小孩四歲多，除了說「媽媽我想起床了」，還會用手伸到我的背下，試圖把媽媽「鏟起」。起床後一起換衣服、刷牙洗臉，每日的第一道保養品（也是唯一一道）是保水又能改善膚質的化妝水，當媽媽後真是連多擦一罐保養品的時間都想省。

弄早餐、邊提醒小孩準備帶去保母家的物品，開車載小孩出門。

這天的工作還算輕鬆，是一個企業的線上課，不用出門。但也是搬家後第一次在新家上線，要在哪個位置、工作桌擺設、燈光如何配置等等要重新規劃。

早餐到午餐之間做了些家事、工作上的行政事務、看了 YouTube 影片，讓自己耍廢放鬆一下，吃完午餐後開始準備。

服裝先決定，妝髮穿搭更有整體感

通常我會先挑選服裝，並「穿著選好的上衣做妝髮」。這是一個最有效率又直覺的方式，我們的膚質、膚色，每天都有細微的變化，上衣的顏色也會直接影響臉的氣色，服裝條件確定好之後，再做妝髮，整體感就會逐步完成。

「蛤？竟然是穿著要出門的上衣化妝！但是小荳老師，你不是教我們工作用的妝髮戰鬥包嗎？基本上用的產品、化的妝都一樣，有沒有先穿衣服有差嗎？」上課時總有學生會這麼問。

即使用的化妝品都一樣，「用量」還是可以有些微的差別。而那個「些微差別」，就是造型整體感的關鍵。

回到小荳老師的一日，那天企業線上課我選了一件雪紡材質、類襯衫款式的咖啡色調上衣。

企業給的背景是淺粉色，為避免我整個人因視訊軟體的去背效果而融在畫面裡，深色上衣是這次服裝挑選的目標。再來是考量課程主題「妝髮穿搭對了，顯瘦三公斤！」，我自己也依照課程裡的顯瘦三招，選了V領、透膚，以及帶有顯瘦圖紋線條設計的衣服。

穿上衣服、化妝，妝感除了強調立體修飾，眼妝的細節也做到滿滿，上線測試時就被主持人說：「小荳老師，你今天的眼睛好大啊，跟平常不一樣欸！」

「是啊，我今天可是女明星的彩妝等級（大笑）。」接著我們就聊了起來。她說：「我以為線上課的妝，不需要畫到這麼多欸？」

「線上課的妝髮，其實要比實體課還細緻。」跟這個企業第二次合作，我知道主持人有興趣，就多說了一些。「線上課打的燈絕對比實體課空間中的各種光源還要直接，如果只是畫平常的妝，在鏡頭前通常妝感會直接減半。」

除了妝感減半，整個臉的立體感也會減弱許多，白話來說，就是看起來會比較胖。

「平常就算了，今天的主題是顯瘦啊，當然要女明星規格的細細畫出輪廓來……」閒聊當中我也是在測試，講話時的各種角度是不是好的、清楚的，果然就覺得髮型不行。

依照需求選擇妝、髮順序

因為去背效果的關係，線上課的髮型常常是令人困擾的一件事。疫情後這兩年，還有學生針對線上需求來重新進修妝髮課。

有在視訊時使用過虛擬空間去背的就知道，如果髮型沒有為了去背效果做調整，那麼去背就會給你做出全新的髮型。而且，你一邊講話的時候，你的頭髮還會一邊自由創作，真是哭笑不得。

這天我遇到的狀況是，我那不長不短的側邊瀏海，一直在畫面中舞動著。

於是我下線後，馬上調整髮型。

現在我是該放下來嗎？還是綁公主頭？當下的困擾就是來自於，本來半年該整理一次的髮型，這次因為搬家拖了可能有九個月。平常強調頭髮只要選對髮型，出門前撥一撥就可以的我，現在髮型本身歪了，也是同樣面臨怎麼看都不夠好的狀態。

最後還是拿出吹風機，花了點時間吹整，真是做足了女明星規格。

除了線上課，需要因為去背顧慮髮型。假日玩水的時候我會綁辮子，就算整顆頭泡到水裡再起來，髮絲也不會像章魚扒在頭上那樣亂竄。教實作課需要示範的時候我一定把頭髮綁起，才不會在彎腰、轉頭的時候，還需要去撥頭髮。

大部分的時間，我都是先化妝再撥一撥頭髮出門。但如果，已經很確定今天是綁辮子、包頭、丸子頭等，有別於平常的髮型，我就會先做好髮型再化妝。

跟前述的一樣，把已經確定的條件穿戴上後，畫的妝就會因為些微調整而更有整體感。

髮型調整好之後，我還有半個小時的時間。喝杯咖啡、滑滑手機，再度進入耍廢模式。讓腦袋騰出一些空間後，再上線上課。

妝髮穿搭除了變漂亮，也是轉換角色的療癒時光

下課後我還有一個半小時才要出門接小孩，於是我就先卸妝，並敷上冰河

泥深層清潔面膜。我很喜歡在卸下女明星妝容後，做深層的清潔。

一方面是通常越完整的妝，上的產品越多，這時候做深層清潔滿剛好的。但更主要的原因其實是，會讓我畫上有女明星妝感的工作，往往也是會需要能量噴發的場合，敷面膜有一種讓自己冷靜下來的感受，無論是臉還是心情。

「都畫這麼漂亮的妝了，難道不會想說洗澡前再卸嗎？」每次跟學生分享我的一日妝髮穿搭時，也總是會有學生提問。

通常我會把需要化妝的工作集合在一天，這樣是最好的。但若是像這天，下課後我就要回到媽媽行程的話，卸妝、敷臉對我來說，也是一個轉換角色的過程。

做個女明星妝髮，提醒自己要能量噴發，當然也享受一下這麼漂亮的自己（下課後自拍一百張）。深層清潔、敷上保濕面膜，當作是工作後對自己的犒賞。（喔！對了，其實我還吃了巧克力冰淇淋）。

最後趕緊洗米煮飯，換上平常接送小孩的便裝出門。

在電梯的鏡子裡，我又是個素顏、戴眼鏡，頭髮隨便綁起來的媽媽樣子，但是剛敷過臉的皮膚光澤飽滿，剛線上課時，學生回饋到下課了還不下線的熱情，在心裡迴盪。

「妝髮穿搭好麻煩，還要卸妝、想搭配……」很多人這麼說，你也會這樣覺得嗎？

但我卻是常常覺得，妝髮穿搭的過程，讓我能更精準、舒服地，面對生活上不同角色的轉換。我喜歡當小荳老師，也喜歡當孩子、太太、媽媽、好朋友……，在這些不同角色之間，我都想找到自己喜歡舒適的地方。就像我喜歡女明星妝感，也喜歡素顏輕鬆的時候。

一日妝、髮、穿搭的順序：

1. 以當日的幾個場景、需求，決定出最重要的項目

例如：線上課有背景效果的限制，穿搭要突顯出自己的上衣。

玩水時的髮型，綁辮子才不會散亂。

接小孩的服裝，選擇輕便簡單又能讓素顏的自己有好氣色的。

2. 先進行妝髮穿搭中，比較不能更動、或與平常不同的部分

如果當日行程是跟姊妹下午茶後去運動，那麼會先決定球鞋，再搭配下午茶服裝。

特殊場合想要戴上有意義的飾品或包包，也會以飾品或包包為主去想造型。

較確定的單品先處理，就能輕鬆完成其他部分。

3. 最後再以飾品、鞋包配件輔助，完成整體感

除了這些情況會鞋子、飾品或包包先決定，大部分時候，飾品、鞋包配件則是最後完成。

畢竟她們在身上的佔比比較少，若不是非常在意、想好好玩造型的時刻，飾品、鞋包配件的選擇，越能重複使用就越好用。

4

配角、配件、配色，不可或缺的三配對

配角

✢ 配角的威力 ✢

最基本的職場穿搭加分公式

白色上衣＋西裝褲／
牛仔褲＋皮鞋

白色上衣和素色長褲這樣的「配角」，加上不同的「主角」外套，正是讓你可以輕鬆重複穿搭的關鍵。

"POESIC"

✢ 配角穿搭更升級 ✢

一件帶點設計的 T-shirt
或牛仔褲，讓你的配角
穿搭同時具備設計感。

T-shirt 上的圖案，
可以是你的角色潛台詞，
無論是畫家的作品、
一句話、一個小 logo，
都能為你展現造型態度。

this is
NO.1

✢配角也可以有形象辨識度✢

你說的白上衣，是什麼白？

挑選一件最符合你身型、
個性、舒適度的白上衣，
請特別留意衣服上的小設計，
包含領型、袖口、扣子，
衣服材質、蕾絲花紋等等。
這些細節，
都是創造辨識度的關鍵亮點。

NO.1

✢ 職場妝髮 ✢

為工作而做的妝髮，不只是要看起來專業整齊、好精神而已，
最重要的是，「在開啟工作前，先暖暖自己的心」。

化妝是一個觀看自己的過程，出門前好好為自己保養後，
即使只是上個底妝、擦口紅，都能為一天的開始做好準備。

低馬尾是很棒的職場選擇，
俐落優雅，同時也比較不會熱，兼顧了專業和舒適度。

✢ 鞋包配件，說出你是誰 ✢

包包承載的絕對不只是帶出門的物品，
還有我們在每一個人生階段的重心。

一直以來我都是個小叮噹，包包裡什麼都有，以備不時之需。
當了媽媽以後，換了一個超小的包，得以輕便追小孩。
這個小包有著五彩繽紛的顏色，完美詮釋當媽媽的心情。

一雙平底鞋，何嘗不是身分轉換的必須。
雖說必須，一定也是要美麗才行，對吧？

配件

✢配件無所不在✢

帽子、包包、飾品、手錶，
再簡單的穿搭，
一定都要有配件在身上，
就能從「隨便穿」，變成
「休閒有型」。

還不會綁髮型？
戴一頂帽子就有小臉效果。

REGULAR SHOW

✢ 生活喜好也是配件的一種 ✢

跟朋友下午茶後去運動，
瑜伽衣褲也可以是日常穿搭服。
除了很有形象辨識度，
穿搭的故事感也很足。

無論是套上微透膚的背心，
或者換一件長裙，
一衣多穿突然變得好簡單。

✣ 配件是
旅行穿搭的關鍵 ✣

旅行時輕便好帶的配件能助你一臂之力。

換個帽子、頭巾、包包、
鞋子、手錶、手飾，
一件洋裝就能展現不同風格。

遇上天氣變化，加件長褲或長裙，
不只時尚，還能保暖身體。

✢ 休閒妝髮 ✢

一抹土耳其藍的眼線，像是放假時就想追逐藍天海洋的心。
運用「口紅也可以當腮紅」的輕便懶人法，
不用思考就搭配得很有個性。

工作時不好展現的潮流髮型，剛剛好作為 on ／off 的轉換。
只是將低馬尾再綁上幾段橡皮筋，
看起來就完全不一樣了！

✢ 飾品讓你閃閃發光 ✢

這幾年，晶礦飾品從歐巴桑的隨身法寶，變為年輕人的時尚。
無論是招財招桃花，還是事業順心，最好的能量產地，是自己。

做造型的時候，我們會用飾品來創造亮點，讓整體穿搭呈現小細節的層次感。
做自己的時候，我知道這些層次的最裡面，是帶給我陪伴感的發光體。

我有一條銀色項鍊，墜飾是一顆荳子，戴了 15 年，
近期左手拇指上細細的戒指，少說也戴了 6、7 年。

你也有名為飾品，其實是陪伴的發光體嗎？

配色

✢ 配色入門：同色系色調 ✢

同色系穿搭可一點都不無聊，
善用服裝款式的組合、妝髮變換，
創造墨綠色系的形象辨識度，
打開衣櫥就能做到。

你也有偏好的色系嗎？
有沒有深淺差異呢？
把它們都拿出來排一排、穿穿看，
其實你的衣櫥裡，
早有許多獨樹一格的造型組合。

✢ 配色 1+1 點點變化型 ✢

圖型也可以是個人風格的選擇，
各種點點的設計，不但是記憶點，
更是高招的穿搭表現。

擔心圖樣太複雜不好掌握，
顏色就抓緊配色 1+1。

鵝黃色點點＋鵝黃色長褲，
簡單吧。

藍色點點＋藍色帽子＆長褲，
頭和腳有延伸感。

反過來安排也可以！

黑色上衣＋黑色鞋子，
把白黃色點點襯托出來。

✢ 一次搞定三配對 ✢

一條圍巾不僅能貫穿
職場、休閒、特殊場合，
更可以是畫龍點睛的配角。

有保暖功能的配件，
更是不需要思考的配色好物。

黑白加上一點亮黃，
幾乎能搭配所有的顏色，
並在素色服裝中提升美感。

NO.1
NO.2

✢ 特殊場合妝髮 ✢

妝髮好看的關鍵是，人。

能讓你感到舒適自由、放心展開笑容的，就是好選擇。

慵懶的捲髮，逆吹蓬鬆後撥一撥，
眼妝加重一些些，別忘了先上底膏更持久，
換上難以忽視的唇色。

不需要高超的妝髮技術，你也會閃閃動人。

✢ 圍巾帽子，一秒變時尚的必備物 ✢

很想說圍巾除了旅行必備，也是媽媽超好用的育兒神器啊。

餵奶時期當包巾、小孩冷了當小被子、睡著了還可以把
整個推車蓋起來。
等等，但這本不是親子書。

有些喜歡的顏色、花紋，還不敢穿在身上的時候，
先試試圍巾、帽子，小範圍在身上的感覺，
或許久了就培養出感情喔！

擁有自在形象，就從面對鏡子、打開衣櫥，
整理自己原有的開始吧！

5

打造自在形象

如何打造個人風格？先問問自己假日都在做什麼

「『形象』和『風格』有什麼不一樣嗎？」常有學生這樣問，這是一個好問題。形象是別人對你的形容，例如風趣、氣質、活潑……。不僅是外在，也會包含了你的表情、肢體、聲音、說話或文章內容、行為表現等等。風格通常更專指特定的符號或內容，例如「運動風穿搭」、「女神妝」、「日系髮型」。一個設計過、完整的個人形象，是可以包含不同風格元素的。就像我們的生活面向，有職場時的認真表情，也會有休閒時跟朋友的搞笑輕鬆，不是一個風格就能總括。

你也在為自己的「風格」感到困擾嗎？想找到屬於自己的「命定色」嗎？有沒有想過，其實專屬於你的個人風格，一直都已經在你身上、你的衣櫥裡，只是你還不知道如何好好運用而已。大部分來上課的學生，都會覺得自己「是時候改變了！」，甚至抱著拋棄過去自己的決心。接著問說：「小荳老師，妳覺得我適合什麼風格？」

目前市場上的「風格打造」教學經常像是數學公式——1＋1＝2般，宣傳行銷。例如，穿上了無印良品色系就會有文青感、黑白顯身型的洋裝就會優雅、髮型拉幾根鬚鬚就會很韓系、眼妝濃一點就會歐美……**在搞清楚這些風格名詞的後面，我想先知道，你想要什麼樣的生活？**

「妳的假日通常在做什麼？喜歡去哪裡？」

「如果讓妳形容完美的一天，那會是怎麼樣的一天？」

「未來有男友了，妳會想跟他去哪裡？」

有些來上課的同學，覺得自己單身多年可能是因為造型太不修邊幅，希望透過妝髮穿搭課的改變帶點桃花。結果剛剛想要打造優雅風格的女孩，其實假日都去露營；希望自己有幹練髮型的女主管，原來假日喜歡跟小孩出遊，不想花時間管穿搭；想帶點桃花氣息的女孩在回答前問說：「我其實也沒有特別愛去哪裡……逛逛書店就很開心，這樣也可以嗎？」

「當然可以！妳就是要吸引到會跟妳一起逛書店的男孩啊。」

基本風格×日常喜好＝個人風格

於是在上課時給學生們的穿搭參考圖，我建議第一位同學的優雅風格不只有常見的經典黑白，而是希望她保留顯身型洋裝的基本風格，再加入有點outdoor感的軍綠色、綁帶設計。這樣的優雅風格，更符合她的個人形象。至於假日不想理穿搭的女主管，顯然並不適合一根頭髮跟都不能掉的空姐包頭，所以我教她一個夾子就能完成的包頭髮型。即使因為工作需要的幹練形象，也要不失率性的本性才是。

「小荳老師，我衣櫥裡就有這種軍綠色的洋裝啊，但從沒想過這可以是優雅！」同樣的句子，幾乎改換一下單品內容，就是學生們看到穿搭參考圖的反應。

「妳怎麼會知道我有這種衣服？」是她們接下來的疑問。即使是第一次見面的學生，通常我也能精準地抓到她們的日常喜好，這是因為我掌握了以下三個簡單的技巧：

1. 觀察表象後面的意義

我看的不只是穿了什麼顏色品牌、妝髮技巧如何，而是去想他為什麼穿這件上衣再搭這件裙子？為什麼選了要穿脫個五分鐘的鞋子，想必出門時間一定比較久。有時候這些問題我也會特意直接問學生，目的是讓他們自己聽到答案。

2. 抓出真正的喜好

這時候我會看看學生對妝髮服裝之外的選擇，像是包包裡的錢包、筆記本、手機殼、帶來的雨傘等等，都是偵探林小荳要破案的細節。

「妳很喜歡亮橘色吧？」

「老師妳怎麼知道？」一個誇張的尾音拉長。

「我怎麼會不知道啦，妳的筆盒、手帕、小吊飾，都是亮橘色。一看就是特別挑的。」

「但是小荳老師，穿亮橘色的衣服氣色很不好啊，我超困擾的，我不能穿自己喜歡顏色的衣服！」

「誰說的？妳叫他來跟我講！」每次講這句學生一定會笑傻，這什麼對話啊。但正是因為她笑傻了，接下來更能放下「可能會被糾正的心情」，跟我分享更多她真正的喜歡事物。

3. 相乘的元素

基本風格Ｘ日常喜好＝個人風格

要拿基本風格，跟日常喜好的「哪一個元素」來相乘，絕對不是靠「擲筊」，而是需要好好思考、設計的。但其實方法也不難，最簡單入門的方式就是拿捏比例。穿亮橘色的上衣的確很考驗氣色呈現，但如果只是上衣當中有亮橘色的線條呢？

特定的服裝不好找，那如果是配一個亮橘色的小飾品呢？這時候飾品就是大功臣，只要挑對了飾品，她可以搭配你大多數的衣服，那麼你不但有了個人風格，還完成了形象辨識度。飾品在整體造型的比例小，不會一下子就改變氣色或風格，但它就是畫龍點睛、顯示獨特的小兵立大功。最後，帶點桃花的妝髮穿搭會是怎樣呢？

總之，就是「好好表現真實的自己」。

加入一點時尚的元素，但不違背生活

原本就會穿的長洋裝，不一定要搭高跟鞋啊，「誰去逛書店會穿高跟鞋？我就不會、一直站著挑書很累啊！」我也很愛逛書店，對這題超有感。真正愛逛書店的人一定是想自己可蹲、可站，甚是席地而坐。穿個小白鞋，但是搭點時尚的飾品，維持長洋裝的氣質感，也保留腳和心情的舒適度。用飾品做時尚元素的好處是可以隨著潮流更換，小小的比較沒有負擔，無論是儲存空間或是一個新潮流在身上的存在感，飾品是展現個人風格的穿搭好物。

你的優雅是哪一種優雅？我在喜歡露營的女孩身上，看到的是營造朋友互動、自然不造作的優雅。比起經典黑白色，軍綠色更顯得沒有距離。一個夾子完成包頭的幹練，隱含著女主管在工作之外的輕鬆態度。而能夠隨時穿著貼合個性的鞋子、同時展現時尚的個人風格，才是吸引對的人的關鍵。

沒有真正感受的話，個人風格只是幾個形容詞罷了

服裝風格，可以照公式完成，但個人風格不行。硬要複製貼上的話，看起來就是被衣服穿走了、你的個性表情全都失焦。就好像美味的料理可以靠食譜完成，但同一個食譜，不同的人做出來就是會不一樣。「人」的因素，是不可以被忽略的。**比起「知道」自己適合什麼風格，或其實只是認識了幾個風格的詞彙，去「感受」出自己舒服喜歡的妝髮穿搭，才會是最合身且長久的方式。**

風格其實已經在你身上，你需要的不是大改造，而是透過引導，一起找出專屬你的個人風格，將你的個人風格，用妝、髮、穿搭展現出來，因為這個風格來自於你喜歡的生活，完成後馬上就有型有自信！

穿搭表現的不只是品牌，更應該是屬於你的故事

用品牌來塑造形象，算是滿聰明方便的辦法，畢竟品牌本身就已經幫你做好全套的「辨識度」、「形象概念」，同一個品牌的剪裁、布花用色、款式，通常也都能相互搭配，差異不會太大。但如果你看到的只是「品牌」，那就太可惜了。

曾經在英語會話班上課時，聊到我每次去彩妝品專櫃與櫃姐互動的對話。

櫃姐：「這個顏色不適合妳喔，妳的話是這個色號。」

小荳：「謝謝，但我不是要自己要用的」

櫃姐：「喔，妳要送人啊！那妳要不要參考一下⋯⋯」

不是我故意不說自己是彩妝師，我猜大概是我平常的打扮真的就不像是一

般人對彩妝師的印象（全身黑、帶著當季的名牌包、或是看起來很潮的樣子……），我就是一個阿花，穿著喜歡的穿搭。

「那妳更應該告訴他們妳是彩妝師，讓他們知道世界上也是有彩妝師是這樣打扮的。」英語老師 Fred 這麼說。

Fred 是一位在佛羅里達州長大的美國人，在來台灣當英語老師前，他在美國的服務業連鎖品牌擔任主管職。我都開玩笑說，去上英語課根本就是心靈成長課程，因為英語對話的閒聊，根本都是靈魂拷問啊。

他的這句話有打中我，原因在於以前覺得，我是不是彩妝師，並不需要時時跟別人證明啊，尤其買彩妝品的時候，可能只是跟朋友下午茶順帶補貨一下，並不想把小荳老師的工作魂搬出來。

但他思考的卻是另一個角度，「身為彩妝師，你可以幫助別人瞭解的更多」。

這是好多年前的事了，或許是受這個對話的影響，後來有了「荳穿搭造型小配方」一系列的文章，記錄我的日常穿搭。

日常穿搭，透露的訊息比品牌還重要

初期在「荳穿搭造型小配方」系列文章，我曾經試著 hashtag（標記）身上的品牌，就跟大部分發穿搭文的自媒體一樣。但漸漸發現難處，就是我常常穿搭的都是寫不出實際購買店鋪的服飾配件。

例如我有一件 Anna Sui 的洋裝，雖然可以就寫品牌 Anna Sui，但其實她是我在紐約布魯克林一家選品店（Select Shop）挖到的。對我來說，後面那一長串衣服的來源，比較是我想分享的。因為品牌或許是我對設計師的喜好，但衣服的故事，才是讓我穿搭合身的原因。

每當我穿起這件在選品店遇到的 Anna Sui，上身的是當下布魯克林的氣溫，熱熱而帶點微涼的風。那天跟我老公有點沒目的地四處閒晃，會進那家店其實是因為老公想進去看滑板（是的，沒錯。我在一家有賣滑板的店買了 Anna Sui）。本來就很喜歡 Anna Sui 那總是帶點阿花的設計，連品牌名稱念起來的聲音我都很喜歡（唸起來像是 Anna Sweet，t 不發音），在一間毫不相關的店與它相遇，根本是「命定真愛」。

如果要把這件洋裝穿得比較正式也是可以的，可能就是搭上草編楔型鞋、背個 Kate Spade 的紅色小包，充滿度假感的城市女孩，滿符合我對這件洋裝的想像。

但每一次，我都把她穿得很「街頭」，像是隨便套一件洋裝到樓下雜貨店買罐可樂那樣，套上不需要彎腰就能穿的大開口鞋子，背上前一晚還沒整理的包包。就因為——這件洋裝對我來說就是一個隨性的巧遇，本就屬於我的真愛，所以不需要刻意打扮。

流行是永遠穿不完的，快時尚的速度已經快變成沒有時尚

我必須先承認，我有斷捨離的問題（苦笑），當每件衣服都有故事的時候，就很難把衣服丟掉或回收。其中還有一個糾結是，這些阿花設計真的很難再次回歸，不同於素色服飾，這些阿花甚至這一件阿花，花的分布範圍、樣子都是獨一無二的。

近期流行的「膠囊衣櫥」、「極簡時尚」，對我來說都像是豪不相干的宣言。看看這些文章或影片，宣導極簡的主人百分之九十都是素色穿搭的擁護者啊，有沒有極簡人也是阿花設計的愛好呢？

雖無法達到一年只有幾十件衣服就能生活的極簡主義，但我也非常同意，不需要追著流行一直添購服飾。如果極簡強調的是簡單清爽的風格，用少少的服飾就達成穿搭，那麼我想提供的另一個方法是，好好地追尋真愛，而不是流行。真的跟找對象一樣啊，高富帥並不是每個人都適合、也未必是你內心的渴望。

來到我面前的學生，大部分是「沒想過自己想要什麼」，所以不知道如何穿搭。從來不是身材不好、長相不夠，又或者沒能力買名牌所以穿不出漂亮的樣子。相反的，很多同學是帶著名牌的服飾、彩妝品，髮型也是去藝人等級的沙龍，但依然對自己的妝髮穿搭毫無頭緒。

穿搭除了時下的流行，更該有屬於你的故事

Janet 在電視節目《瘋台灣》的第一次宣傳照，是我做的造型。當時案子時間很趕，還沒見過她本人，僅看了她的資料就必須開拍。我準備了幾個不同風格的服飾到現場，心想著總要見面聊聊，穿搭才會更有她的味道。

當時她也帶了一些自己的東西，衣服不多，飾品有一些。打開飾品盒她開始跟我介紹，這條手鍊是在某國家買的、那條是去某國當義工時看到的……，後來我決定就讓她戴這些自己的飾品，搭配上我準備的衣服拍照。

那天其實也有跟品牌借了一些飾品，看起來絕對比她的更亮眼、更有市價。但從她跟我說那些飾品取得的故事時，她眼中的光芒，讓這些飾品有了更高的價值。同時，我也喜歡在設計藝人造型的時候，置入一些這個人本身的特色、她在乎的事情。雖然沒有人會在照片中知道，那條手鍊是她去當義工時買的，但有故事的服飾，散發出來的能量就是不一樣。

Janet 後來成了家喻戶曉的旅遊節目主持人，更跨足演員領域。她入圍第

五十六屆金鐘獎時，還將環保議題展現在禮服上。典禮時她準備了一套粉色洋裝，是二十年前在阿根廷的市場花二十美金買的，在姊姊的婚禮穿過。如今她重複穿搭這件洋裝，不僅展示自己二十年來保持很好的身型，也藉由入圍金鐘的曝光，呼籲舊衣新穿的環保概念。

或許服裝的顏色、剪裁或花的樣式會有時代流行的痕跡，但只要是細細挑選過的真愛，配上不同的妝髮、鞋包配件，還有最重要的「當下的你」，有故事的舊衣新穿總是最棒的詮釋。

一起穿出你的故事！

1. 品牌＋私人小物

這也是很多藝人會運用的方式，只要不是代言露出（代言通常只能有代言的品牌出現），有品牌也有私人小物（可能是旅行中市集買的飾品），都會讓人設更立體。

2.品牌精神

如果你喜歡一個品牌，不只是因為她的 logo，很可能是創辦人的故事、這個品牌要傳達的精神，又或者是品牌特殊的設計，那麼除了購買，在穿搭中延續品牌精神也是很棒的選擇。

3.創造你的品牌故事

你買了一個品牌包，有什麼原因嗎？是犒賞自己完成工作，還是走過櫥窗被吸引？無論任何雞毛蒜皮的小理由，當你在穿搭的時候有想起、在意這件事，那麼這個包（或任一個單品），就跟櫃上的不同。

我一直相信萬物皆有能量，可能來自物品本身，也絕對和環境相關。一個有故事的品牌穿搭，就是你賦予給這些物品的能量，她會為你說話。

透過妝髮穿搭，你想傳達的故事是？

累積小習慣，形象自然大改變

你有從零開始建立一個習慣的經驗嗎？運動、下廚、減少使用塑膠產品？如果有，請回想一下開始這個習慣之前，你有多麼抗拒、覺得不可能啦！甚至經歷了想放棄一百次的掙扎，又或者是已經放棄了，又再重拾起。

妝髮穿搭也是一個習慣，就像你建立過的任何一個項目，都是從最小的習慣改變開始。

Cindy 從來沒化過妝，甚至沒有使用過保養品，因為行政工作、方便的關係，永遠都是金屬框眼鏡、紮個低馬尾，很勤奮苦幹的樣子。

「老師我想改變，想看到不一樣的自己！」Cindy 不是說說而已，第一堂課回去後，她每天都練習化妝、而且每天都敷面膜。結果，第二堂課的時候，他的臉上長出了一堆粉刺。

「小荳老師，我是不是不適合化妝啊！？」她有點失落的說著。

開啟一個小習慣

那也已經是我剛開始教學的事情了，現在想來真是對 Cindy 很不好意思，竟然沒有事先提醒。讓她長粉刺的不是化妝品，而是突然天天敷面膜。

試想一下你平常都吃家常菜，突然有一週天天都吃滿漢全席，你的身體感受如何？

從來不保養的皮膚，突然天天都用面膜包覆起來加強滋潤，當然也是毛細孔群起抗議啊。

但還好，因為彩妝課是每週一次，第二堂很快發現、先暫停敷面膜後，皮膚的狀態就漸漸好了起來。

「我想說之前都沒保養，現在要勤加補足啊！」Cindy 自己也笑了出來。

接著我們好好討論了適合的保養方式，重點不在一次做滿，而是觀察自己的狀況，找到一個可以持續的小習慣。你不會在一開始建立運動的習慣時，就去跑馬拉松吧！

講到運動習慣，在我身上簡直就是奇蹟。

我是從瑜伽開始的，會選擇瑜伽呢，也是觀察自己二十幾年來對運動的感覺。結論是「我真的很不喜歡運動、沒有一個喜歡的。」但是我喜歡跳舞、喜歡表演，當時還有一個想運動的需求是，彩妝師長期姿勢不良、腰痠背痛是日常，脊椎側彎的職業病更是在那等著。

因為「喜歡漂亮的姿態＋身體需要伸展」，就這樣開始了我的瑜伽。

最初我是在運動中心上課，一堂不到五百元、放棄了也不會心疼的打算報了名。後來就在同一堂課、同一個時間上了五年。

這個每週花一個小時開始的小習慣，讓我持續瑜伽至今十七年，很多動作還是做不到，但後來從做瑜伽延伸到有氧運動，從一定要報名課程限制自己到可以在家持續規律的運動，對我一個大學體育課都可以差點被當的人來說，真的是不可思議的改變。

持續紀錄觀看自己的過程

找到妝髮穿搭的小習慣後，請務必記錄下來。

無論只是隨手自拍，或者是出遊時拍下美美的照片，每一次的紀錄，都會讓你越來越有成就感、喜歡妝髮穿搭後的自己。下一次開始化妝、配衣服的時候，不會只覺得麻煩。

「小荳老師啊，我都不知道幾年沒看自己了，妳真的覺得我化妝不會很奇怪嗎？」那是在「她渴望SheAspire」公益彩妝的一位學員，那天她說她是帶媽媽來參加活動的，自己不需要學化妝。但就在我軟硬兼施、威柔並濟，甚至「情緒勒索」下，她也開心學習、完成了彩妝。

在百意上彩妝課，課後拍照紀錄是一定的流程。以往我都認為，這是讓學生回去後，可以有清晰的照片紀錄，也是筆記的一環。但那天當學員說「我已經好幾年沒有看自己」的時候，又才突然意識到，其實每一次的紀錄，也都是讓學生養成「觀看自己的習慣」。我之所以鼓勵學生「觀看」自己，是因為我發現不少人都不太習慣好好花時間照一照鏡子，「看一看」自己。習慣看自己，絕對比眼線畫得多直、頭髮捲得多好、穿搭超顯瘦還要重要。

很多學生在拍照的時候很好，但要一起看照片的時候就開始扭捏。這不是很奇怪嗎？你有想過，你本來就是這樣被看的啊。

「最不常看到自己的，就是我們自己的這雙眼睛。」Kelly 很冷靜的說了這句話，接著就哀嚎：「哎呦，我不想看啦、老師你照片不用傳給我吧！」

可惜百意的課就是一期四堂，每週都會遇到，也就是每週都會拍到。最後這位不想看自己照片的 Kelly，持續報名了三期。

「老師你不覺得我眼線兩邊不夠對稱嗎？」她不只看了自己，還看到細節了呢。

「你不覺得你從分不清眼線筆和眉筆，到現在畫這樣，已經非常厲害了嗎？」老實說在那當下，自信的眼神早已蓋過眼線。

自在形象

「我唯一一次上的穿搭課程（附加了據說很難得很貴的量身服務），真的是人生的夢魘啊。不論是講座，或是上過那次可怕的課程，都讓我愈來愈迷惘，直到您之前跟我說，『如果用掩飾缺點的想法，怎麼穿都不會覺得好看的。』」

這句話真的讓我有被閃電打到的既視感。雖然我還沒有報名您的課程，但只因為這句話，雖然我現在既沒變瘦，也沒買新衣服，但我目前穿衣服真的比較自在了。」

Ellen上完企業內訓的線上課程後，跟我在粉專私訊聊了起來。當時我正在為這本書苦惱著，甚至覺得是不是該放棄了，我的文字真的值得幾顆樹的犧牲嗎？

然而她那一句「只因為這句話，雖然我現在既沒變瘦，也沒買新衣服，但我目前穿衣服真的比較自在了。」，也讓我像是被閃電打到般的，告訴自己這是老天爺給我的回應。尤其他提到了「自在」。

「自在形象」這四個字，起於我上了一個「專業簡報力」的課程，第一天學習各種簡報技巧，一個月後，第二天的課程，要上台發表七分鐘的簡報。這對於當時已經常常在上七小時工作坊的我來說，是很有把握、去感受名師上課，順便幫自己拿個課程認證的盤算。

結果我錯了，這課程有多操、有多變態大家都可以上網查證，即使是身經百戰的醫生、律師、企業主，沒有一個人會說這是一門輕鬆的課，其中令人脫胎換骨的關鍵，就是兩堂課當中的那一個月。

那一個月當中我們會分組搭配三位輔導員，也就是之前上過課的學長姐，給我們一些簡報上的建議。我的簡報「把生活帶入形象」經過了一次又一次的修改、演練，跟學長姐們從簡報架構討論到百意官網的招生文，總是在演練後的聊天靈感爆發，被學長姐說「你簡報應該說這個啊！」。然後在深夜繼續修改簡報。

就在第二堂課程演練日的前三天，學長 Hans 說：「小荳，妳的第一個標題『個人形象』，我還是覺得很模糊、不知道妳要表達什麼？」

「不就是……講為什麼需要個人形象嗎？」我心想說你不要鬧了啊，再三天要上台你現在是說我練這麼多次你都沒聽懂？

「但我覺得你講的不是『個人形象』，個人形象的話，不需要特別強調福哥從西裝變成T-shirt」Hans沒有要放過我的意思，更可怕的是，另外兩位學長姐家澄和胖子，不但不救援，還點頭附和。

還記得電影《佈局》，不敗女律師的例子嗎？為了在「專業簡報力」的簡報更有爆點，我把平常會用的電影造型例子，改成了講師福哥的照片。福哥在第五屆之前上「專業簡報力」都是穿西裝打領帶，後來漸漸變成Polo衫，近年來都是穿上印有「專業簡報力」logo的T-shirt。

是啊，不管穿西裝或T-shirt都是個人形象的一種，那我想傳達的核心到底是什麼？

思緒重回到十幾年前開課的初衷，是因為喜歡一張張看到自己變漂亮的表情。想想為什麼做了藝人造型不夠，還要開始教一般人妝髮穿搭？看看我自己，因為我就是沈浸在妝髮穿搭的樂趣，進而有了想要的生活。

「那如果改成『自在形象』呢？」我有點不確定的問，接著看到三張邪惡的表情，喔不是，我是說滿意的笑臉。那是二〇二一年的十月，也不過兩年前，但『自在形象』這四個字的核心，是我做造型二十年來，想給出的最美的情書。

就從防曬做起吧！或者這週就去換個真的讓你舒服的髮型。打開衣櫥，哪一件你最有感覺？

試著用穿搭加分公式，把自在形象帶入生活吧。

無論是自信或者自在，都是生活中的累積，從一個小習慣開始，妝髮穿搭，本來就是很直覺、很自然、開心的事情。

後記

妳可能無法絕後，但是妳可以空前

大學念世新電影，畢業製作同學們都是合組拍短片，而當時我就很想做造型。不只是幫同學的影片做造型，而且是以造型為主題的製作，可是這樣會不會不符合電影組的畢製？

當時的導師李泳泉老師，是一位對造型絕對無感的中年男子，而且是在電影界有份量的大師級人物，當同學們都在跟老師談光影、談剪接、談劇本……，我提了這個想法的時候，他對我說：「小荳，妳可能無法絕後，但是妳可以空前。」

短短一句，老師不僅回饋了我當下的問題，也道盡了他對我的瞭解與觀察。而且後來聽學弟妹說，老師還拿我的畢業製作在課堂上做示範。

畢業二十幾年了，老師的回饋總會在我面臨一些創新或突破的決策焦慮時，再度出現在我腦海裡。例如寫這本書的每一刻。

寫這篇文的時間點，正在決定這本書的封面，到底要非常小荳的阿花風格，還是要符合大眾習慣的簡潔呢？這也讓我想起了大學時最喜歡的裕惠老師，就是因為她的一堂課，讓我對紐約不僅嚮往，還產生了行動力。

大三暑假，人生第一次自助旅行就是去紐約，除了踏進《Sex and the City》的場景，更多的是對於路人造型的各種驚嘆。那不只是時尚、不只是第五大道上的品牌，而是，大家都好做自己。

做自己，看起來這麼簡單的三個字，在職場打滾二十多年的我，卻還是在各種環節當中，必須再面對一次、再確認一下。「小荳，妳可能無法絕後，但是妳可以空前。」今天我又想起了這句話。

造型的啟蒙老師

書中提到的每一位老師，對我的影響之深，相信您讀到這裡已經能感受到，也是因為這樣，我很喜歡老師這個角色，也喜歡當學生，向不同老師學習。

「那造型老師呢？整本書好像沒有提到造型老師？」

荳爸媽絕對是我造型的啟蒙老師，荳爸會穿粉紅色西裝、荳媽曾經擦金色口紅出門，看到這裡您是不是會覺得，小荳的阿花只是剛好而已。

因為在這樣「造型自由」的家庭裡長大，有哥哥姊姊、家人們的支持，從小，打扮對我來說，就像是畫畫、玩樂高、捏黏土那般自然。也許因為我的造型能力開始於生活，即便日後去進修了造型課程，也不會磨滅掉造型該是由自己、由生活出發。

「留點自然，才是真自信！」希望這本書也會陪伴你一陣子，讓你內外都閃閃發光。

國家圖書館出版品預行編目資料

333造型法　單挑貴婦百貨：3 種角色定調，妝髮服 3 點不漏，3 配對加分法，讓你職場專業、休閒有型、社交好感度爆棚／小豆（林珊汝）著. -- 初版. -- 臺北市：商周出版：英屬蓋曼群島商家庭傳媒股份有限公司城邦分公司發行, 2024.06

面；　公分. --（Live & learn；123）

ISBN　978-626-390-041-7（平裝）

1.CST：衣飾　2.CST：化粧　3.CST：形象

423　　113001273

333 造型法　單挑貴婦百貨：3 種角色定調，妝髮服 3 點不漏，3 配對加分法，讓你職場專業、休閒有型、社交好感度爆棚

作　　者／小豆（林珊汝）
視覺統籌／蔡國樑
模 特 兒／黃翊庭
模特兒攝影師／陳妤函（Vika）
側拍攝影師／方一宇（黑貓）
妝髮造型／小豆（林珊汝）
行政統籌／顏祺
造型助理／王莉蓉
攝影助理／鄭穎、暐純
責任編輯／王拂嫣

版　　務／吳亭儀
行銷業務／林秀津、林詩富、吳藝佳
總 編 輯／程鳳儀
總 經 理／彭之琬
事業群總經理／黃淑貞
發 行 人／何飛鵬
法律顧問／元禾法律事務所　王子文律師
出　　版／商周出版
城邦文化事業股份有限公司
台北市南港區昆陽街 16 號 4 樓
電話：(02) 2500-7008　傳真：(02) 2500-7759
E-mail：bwp.service@cite.com.tw
發　　行／英屬蓋曼群島商家庭傳媒股份有限公司城邦分公司
聯絡地址／台北市南港區昆陽街 16 號 8 樓
書虫客服服務專線：(02) 25007718・(02) 25007719
服務時間：週一至週五上午 09:30-12:00；下午 13:30-17:00
24 小時傳真專線：(02) 25001990・(02) 25001991
服務時間：週一至週五 09:30-12:00・13:30-17:00
劃撥帳號：19863813；戶名：書虫股份有限公司
讀者服務信箱 E-mail：service@readingclub.com.tw
城邦讀書花園 www.cite.com.tw
香港發行所／城邦（香港）出版集團有限公司
香港九龍土瓜灣土瓜灣道 86 號順聯工業大廈 6 樓 A 室
電話：(852)2508-6231　傳真：(852)2578-9337
Email：hkcite@biznetvigator.com
馬新發行所／城邦 (馬新) 出版集團　【Cite (M) Sdn. Bhd.】
41, Jalan Radin Anum, Bandar Baru Sri Petaling,
57000 Kuala Lumpur, Malaysia
電話：(603) 90563833　傳真：(603) 90576622
Email：services@cite.my

封面設計／徐璽設計工作室
電腦排版／唯翔工作室
印　　刷／韋懋實業有限公司
經 銷 商／聯合發行股份有限公司　電話：(02) 2917-8022　傳真：(02) 2911-0053
地址：新北市新店區寶橋路 235 巷 6 弄 6 號 2 樓

■ 2024 年 6 月 18 日初版

Printed in Taiwan

城邦讀書花園
www.cite.com.tw

定價／ 430 元

ISBN：978-626-390-041-7